戴旭 著

DESTROY CHINA

肢解中國？
美國的全球戰略和中國的危機

國家圖書館出版品預行編目(CIP)資料

肢解中國?：美國的全球戰略和中國的危機 / 戴旭著. --
初版. -- 臺北市：風格司藝術創作坊出版：紅螞蟻圖書
發行, 2014.12
264面；17x23公分 . --（軍事連線 110）

ISBN 978-986-6330-78-0(平裝)
1.全球戰略　2.中國大陸研究
592.4　　　　　　　　　　　　　　　　103022845

軍事連線 110

肢解中國？：美國的全球戰略和中國的危機

作　　者：戴旭
編　　輯：苗龍
發 行 人：謝俊龍
出　　版：風格司藝術創作坊
　　　　　106 台北市安居街118巷17號
　　　　　Tel：(02)8732-0530 Fax：(02)8732-0531
總 經 銷：紅螞蟻圖書有限公司
　　　　　Tel：（02）2795-3656 Fax：（02）2795-4100
　　　　　地址：台北市內湖區舊宗路二段121巷19號
　　　　　http://www.e-redant.com
出版日期：2014 年 12 月　第一版第一刷
定　　價：380 元

※本書如有缺頁、製幀錯誤，請寄回更換※

ISBN 978-986-6330-78-0　　　　　　　Printed in Taiwan

Disclaimer

The views expressed in this academic research book are those of the authors and do not reflect the official policy or position of the People's Republic China government, or the publisher.

作者聲明

本書所陳述的觀點僅為作者所持，並不代表中華人民共和國政府和任何政府機構及軍方觀點，也不代表本書出版商觀點。任何人不應以本書觀點為由攻擊中國政府和任何官方機構及軍方政策。

專此聲明。

一位網友評戴旭

從一個普通人的觀點來說，2010年的政治大幕是一個中國軍人揭開的。一個時間相當於好萊塢大片的內部視頻風靡網上，以鋪天蓋地之勢將春節晚會的娛樂話題淹沒以盡，與此同時，《盛世狼煙》《C形包圍》《海圖騰》三部政治和軍事論著，同時成為全國各大圖書市場的暢銷書，盜版書也如飛葉一般，遍及大街小巷。一時間，關於作者戴旭及其所提出的中國處於危機之中的話題，成為各行各業中國人或大雅之堂或茶餘飯後熱議的焦點。百度人物搜索風雲榜，戴旭超過劉謙、韓寒和孔子，成為周立波之後的第二位；而網路上，以戴旭和戴旭的觀點開設的QQ群則遍地開花且群群爆滿。

一直以來沉溺於紙醉金迷燈紅酒綠，陶醉于盛世崛起之中的中國人；忙碌于蠅營狗苟、爭競於蠅頭小利的名利客；昏昏於網路遊戲，冥想於虛幻之中的夢遊者；徘徊于欲望和良知的十字街口，哀歎於人心不古江河日下的後知先覺，總之，或廟堂之上，或市井之下，無數的中國人，忽然關心起政治來，關心起國家來！

這真是三十年來最不同凡響的異象景觀。

在很多方面，後三十年對前三十年都是顛覆性的。前三十年講鬥爭，後三十年講和諧；前三十年講奉獻，後三十年講享受；前三十年是禁欲的，後三十年則差不多達到了性氾濫，前三十年做官是清廉的，後三十年當官的不腐敗則不多見，前三十年可以大鳴大放大辯論，後三十年則基本上不爭論。這都不去說它，是非功過，

自有千秋。在毛澤東時代，人人都胸懷世界放眼全球，不議論政治是正常的。但後來改革開放，人人都胸懷利益緊盯金錢，此時，誰若還關心政治，會被冷嘲熱諷地認為不正常。

但是，為什麼突然全國都「不正常」起來？戴旭說他只是一個「思想發動機的點火者」。那是一把什麼火？著名的當代軍事理論家李炳彥稱之為「憂思與創新的精神之火」。其實，那也是一把民族的理想之火，一把國家的希望之火，一把軍隊的激情之火。

正因為如此，當戴旭橫空出世，他激昂的、激越的甚至是激烈的言辭與文字，與經歷了一百多年血火劫難而依然危機四伏的民族，發生了劇烈的心理共振。壓抑在國人心底的情感，那種爭尊嚴、圖強大的巨大訴求，像火山一樣迸發出來。

2010年上半年持續的戴旭熱，可以名之為「戴旭現象」。

「戴旭現象」的出現不是偶然的。中國經過三十年的暴飲暴食，小富大肥，有點錢了。有錢人都有個普遍的心理，那就是既貪圖享樂又尋求安全。客觀上你有了錢，你貪生怕死你也成了別人覬覦的對象。作為一個民族在特定階段的心理反映，戴旭現象出現了。戴旭是職業軍人，是我們民族和國家安全的最後守護者。

讓我們想像一下這樣的場景：午夜時分，在野外一個娛樂場所，有醉生夢死的，有翩翩起舞的，有談情說愛的，有狂賭爛嫖的，有昏昏欲睡的，橫躺豎臥，遍地狼籍，烏煙瘴氣……有個稱職的保安走向視窗，忽然發現四周全是閃爍的綠色眼睛──熏天酒氣引來了貪婪的狼群！這保安大喝一聲，持棒而出。而屋內，有的忽被驚醒，亂作一團，有的尚睡眼迷離，將信將疑，更多的則鼾聲依舊。

那個保安就是戴旭。那些醒來的就是今天在熱議戴旭現象的

人。那個娛樂場所，就是今天的中國。中國人總是不見棺材不掉淚。從1840年到1937年，整整被人家痛打了97年，才發出最後的吼聲，血戰八年，贏來一身傷疤。上蒼一定是可憐這個多災多難的民族，此次才委派戴旭，對這個又將走入歷史覆轍的民族醍醐灌頂。

用個文縐縐的說法，「戴旭現象」是我們這個國家，經過六十年一甲子，且前後兩個三十年截然不同的歲月之後，對世界和自身重新打量；是我們這個民族在思考和規劃未來，所必須進行哲學反思時生髮的必然。

對新中國前三十年的反思，帶來了偉大的改革開放運動；而對改革開放三十年的反思，必將讓我們尋覓到一條更加適合國家和民族發展的最佳路徑。一個不斷進行反思和修正的民族，才是有希望的民族，才不會迷失在現實的困境和未來的迷茫中。戴旭所說、所寫，皆是關於國家、民族發展的宏大問題，幾乎涵蓋國際國內政治、軍事、經濟、外交、文化等所有方面；其思維邏輯基本是按照從歷史到未來展開。且所述所論，無不充滿批判與建言，處處展現著思想者的風骨。這時的戴旭已不是一個學者個體，而是一種意象符號。抽象一點說，這是一個未來的智者，在對一個路過山隘站在十字路口而面對遙遙征途的民族，進行善意的規勸提醒。在這裏，戴旭是一陣風，是風語者。

戴旭的文論皆國策而無風月。據瞭解戴旭從軍之初，原以寫詩出名，至今網上猶有20年前寫的《盧溝橋》，其博客或演講中也時有新格律詩。可見原是文人的坯子。自春秋之後，每逢國興或國破——總之是將亂之時，才出國策兵論之人，承平年景多是詩詞歌賦。這也是唐宋多詩詞，而春秋多戰策的原因。時勢造英雄，思想者是時代的感應器，觸景才能生情。杞國無事，憂天自是笑談；楚國無憂，屈原何以投江？以此觀之，「戴旭現象」的出現，似乎喻

示著當今時代的不妙。這種不妙，經戴旭專業、系統、深刻地點醒，又被大多數人所體察，借助網路的溝通、傳播管道，整體的憂患和覺醒意識，於是隨著2010年變幻不定的氣候，彌漫整個中國。說也怪，今年的中國，地震、乾旱，忽冷忽熱，東西南北，莫不詭異難測。外部世界更是風雲激蕩。果真天人合一，天象要喻示點什麼？

在百度人物搜索風雲榜上所列的五個中國人中，周立波和劉謙，屬於娛樂明星，眾人關注而無議論；韓寒言行特異，廣吸眾人眼球，孔子是拜當今復古之風所賜，及電影《孔子》的忽悠，此四人雖為大眾關注，都未起多大議論。唯獨「戴旭現象」，引發國人空前的議論，激烈時，網路和報刊幾成思想交鋒的戰場。自官方三十年前有意發起「真理標準大討論」之後，中國再無思想對陣的情形。而此次全民爭鳴，則純屬自發。無論是在中國輿論史還是中國網路思想史（假如將來有人寫的話），「戴旭現象」都是濃墨重彩的一筆。能不能稱之為一場「戰略啟蒙運動」固可爭議，但毫無疑問，中國各界都從這次思想衝擊波中受到了洗禮。一粒子彈穿過空氣，彈道還要受到風向的左右，更何況突然有著思維本能的人？不管自覺不自覺，一些人的思維方式和行為方式，都將因此而受到戴旭這陣風的某種影響。

「戴旭現象」最重要的時代意義，乃在於他使「戰略」這個「舊時王謝堂前燕」，「飛入尋常百姓家」成為大眾話題。人民參與國家大事的討論，再也不甘於被動接受一切既成事實，不甘於接受某種被愚弄的解釋。這正是一個國家、一個民族走向成熟的標誌。民智未開，向為近代中國之大病，但是，隨著戴旭的一聲吶喊，數以億萬的民眾忽然醒來了！

從藍天俯衝下來的「炮手」

　　2009年5月，與戴旭兄等一起赴西北遊歷，沿著栽滿「左公柳」的河西走廊到飛沙連天的南疆戈壁，一路上聽到的都是戴旭與同行師友的論辯聲。他的雄辯及對國家安全的深切關注和精闢見解，不僅征服了沿路幾所高校的莘莘學子，也讓同來的中國頂尖大學學有專攻的知名教授們連稱敬佩。四川大學圖書館館長霍巍教授謂「戴上校乃軍中奇人」，對這樣「無法無天」、言無禁忌的人竟然有著軍人身份大感驚奇。

　　著名軍事學家倪樂雄教授，初見戴旭便以「中國的戴高樂（Charles de Gaulle）」呼之。戴旭當然不同於通常的軍旅中人，他是當代中國軍隊中少之又少的一個「異數」。戴旭之「異」，一方面在於他的特立獨行，他的軍旅經歷就有很強的傳奇性；另一方面也是更重要的，則是他對軍事和戰略問題思考研究的深入透徹，而通過文字和語言表達出來時所表現的汪洋恣肆、天馬行空，一掃流行所見權勢者的文過飾非、學院專家的概念迷魂陣。用他自己的話說，他要做的就是一個從藍天俯衝下來的「炮手」，炮轟之處要讓一切騙人的假話現出孫猴子的原形，讓一切繞來繞去的理論教條自己鑽進地縫。

　　戴旭的「狂妄」是有道理的，因為他看到的是本質和事實，是褪去了浮腫身形外的華麗衣裝。這一點在當代中國學術界鮮見，而在行旅中則更為稀罕。

都說21世紀的世界已經面臨「歷史的終結」，大國間的戰爭不再可以想像，戴旭則一一道來：流血的不流血的戰爭每天仍在發生，圍繞資源、金融和政治主導權的鬥爭從未停止，「癱瘓中國」的想法在中國之外越長越盛；都說中國現在已經進入「盛世」、開始過上好日子了，戴旭則舉出清朝GDP比今天占世界比重還大但卻被人輪番洗劫的例子，重言如今中國其實是處在最危險的時候、一個「C」字形戰略包圍圈已在中國身邊成形；都說中國已經造出越來越多的先進飛機、艦艇、飛彈等新式武器，一個軍事上強大的國家已在世界東方出現，戴旭則刨根究底指出中國並無像樣的核心技術、戰略產業業已空心化，這與第一次世界大戰前夕的沙俄並無大異⋯⋯

戴旭的言辭與文字都充滿戰鬥性，這讓不少與他交往的人不太適應。我倒覺得「不適應」是件好事情，每個人都在念「阿彌托佛」的國家沒有希望，這樣的軍隊也沒有希望。鋒利的針尖才能把人刺醒。30年改革開放在使中國國家財富空前增長的同時，中國人「軟乎乎的幸福主義」(馬克思・韋伯（Max Weber）)也生長得有如南宋有如晚清。尚武精神的遠去，不僅容易使自己成為任人宰割的肥肉，也對共同的世界和平發展了無裨益。在這方面，鄂圖曼帝國、奧匈帝國、沙俄帝國、蘇聯帝國的最後消亡，都能給中國以深刻歷史教訓。大國衰落或解體前夕的諸多誘因，如文化分裂、族群隔閡、地區發展不平衡、缺乏自主發展能力和人口再生產停滯等，在如今的中國都能找到它們的身影。中國實際上是一個戰略能力仍極不豐裕的國度！

那些在高頭講章甚至內部刊物也不敢說出的事實與道理，那些習慣了用概念和理論說話而無法說出的明性見性直奔主題的語言，在戴旭那裡卻比比皆是且熟稔自如。在規規矩矩、「三好學生」式的文章理論之外，幸好還有一個戴旭。

戴旭言人所未言，我倒覺得這不是源於他的「狂妄」，歸根結底，他是一名軍旅者，頭頂的星空與心中的道義都如烙鐵般深深鑲刻於他的靈魂，這給了他無比凝重的責任感和憂患意識，也給了他排山倒海的勇氣和思想激情。這些恰恰是我們這個時代所缺乏的！

回望歷史，波瀾壯闊的戰爭藝術與優秀的軍人互相成就。那些崛起中的大國，最重要的標誌之一，就是軍隊充滿氣吞萬里的虎氣，軍中時現年青傑出的戰略思想者。第二次世界大戰之際，法國有戴高樂，德國有古德林（Heinz Wilhelm Guderian）、隆美爾（Erwin Johannes Eugen Rommel），美國有米切爾（Marc Andrew Mitscher），日本有石原莞爾（Kanji Ishiwara）。他們共同的特點，都是在「居下位」的校官銜級上，就已具有世界胸懷和對新軍事趨勢一目瞭然。而在今天，那些領世界政治和軍事風氣之先的國家，最重要的象徵仍然是它時或湧現年青活躍、敢於衝破一切成規定見的軍事思想者。

世人只知美國軍隊在新軍事變革中一馬當先，在一系列現代局部戰爭中橫衝直撞，卻不知在這一切的背後，乃有約翰‧博伊德和約翰‧沃登（John Ashley Warden III）兩位空軍上校，為美軍也為當代世界的軍事理論奠定了基礎。

世人只看到美軍的新裝備日新月異，實際上美國新軍事理論的出現和更新更如雨後春筍。俄羅斯新軍打造有聲有色，那也是因為有著斯里普琴科（Vladimir Slipchenko）這樣的軍事理論家在為這個尚武的民族引路。

不管多麼先進的武器，都不會自動進行戰爭，戰爭最高層次和最後階段的較量，永遠都是在於人，在人的思想層面進行。

中國軍隊早在十幾年前就提出展開「新軍事變革」，要「打贏資訊化條件下的局部戰爭」，但軍事理論創新屢屢出現「機槍打飛

彈」的「新戰法」，擺出幾台電腦就算是「科技練兵」，這種「以弱用強」的彫蟲小技，與一個半世紀前英軍來襲清朝時林則徐想出以木船「火攻」鐵甲艦之計多麼相似。

中國軍隊軍事變革視野的狹隘，與它至今尚存農民軍隊舊習、正規化遲遲不能落實密切相關，也與它不能在舊有基礎上更進一頭、繼續推進軍隊內部的權利進步密切相關。

一支不尊重法治、正規化不足的軍隊不可能真正實現現代化，一支不懂得發揚軍事民主、激發全體軍人主體性和自豪感的軍隊不可能有朝氣。

現代化和軍人主體性，很大程度上要靠超越時代、縱橫萬里的軍事思想者來引領和體現，哪一支軍隊能夠容忍這些思想者生存，哪一個國家就會形成「兼濟天下」的強盛戰爭文化。在這方面，中國軍隊與先進國家軍隊的差距，比起與它們在武器和技術上的差距還要巨大。

作為關注戰略問題的同道，我為有戴旭兄這樣的諍友頗感「不孤」，我也深望我曾經為之效力的軍隊，我仍將為之獻身的祖國，也能發現並善待她的忠誠衛兵，我更期待軍中第二個、第二十個戴旭的出現。

戴旭兄要我為他的書寫點前言，我想了想，還是對此人先寫一點讀後感。

書如其人，不讀可知。

是為序。

程亞文

2009年11月11日

目 錄

第一章

C形包圍

2030：中國面臨被肢解的命運

——美國世界帝國戰略與中國的危機

這是本書作者歷時數年研究寫成的一篇世界全景式政治、軍事、經濟力作。觀此文，會讓我們明白今天世界的基本真相，會讓中國人——大部分被盛世、崛起、和諧等迷幻藥薰得迷迷糊糊、形成夢遊的中國人，突然清醒並驚出一身冷汗。作者不僅悄悄地告訴國人四周全是狼群，還以無可置疑的歷史睿智回答以下問題：

- 當今世界的真相是什麼？
- 中國外部的真實環境如何？
- 中國內部的真實情況如何？
- 中國的危機在哪裡？
- 中國的前途在哪裡？
- 中國應該怎麼辦？

這些問題是每一個中國人，思考一切問題都必須面對的總背景和邏輯起點。

中國必須驚醒！中國要創造歷史而不是重演歷史！

中國近百年來，一直在和世界上幾個大國進行著生死糾纏，一百年前（清朝）是和英國及其代表的歐洲；六十年前（民國）是

和日本；三十年前（新中國）是和蘇聯，最近三十年（改革開放）是和美國。在這種糾纏中，同樣身為「大國」的中國始終處在弱者的地位上。這種地位讓中國受盡欺凌和暗算。時至今日，這種局面仍然未有根本的改觀，所不同者，僅是表現形式而已。

和美國糾纏的三十年，又分為三個截然不同的十年：

1979年到1989年是中美蜜月期：雙方為了共同對付蘇聯，而形成事實上的結盟。

1989年，蘇聯即將倒臺，中國對美國戰略價值喪失，並逆轉為潛在對手。「六四」之後，美國帶頭對中國進行全面制裁，雙方關係急轉直下。故從1989到1999年的十年間，是中美關係中的冰霜期。所以，發生在這十年的事最多：1993年，美國公然搜查中國銀河號商船；1996年，美國出動兩支航母艦隊，介入中國台海演習；大規模對台軍售150架戰鬥機；1998年，印尼軍警大肆屠殺華僑；1999年，美國公然轟炸中國駐南斯拉夫大使館，將中美關係推到戰爭邊緣。

這個冰霜期一直延續到2001年。這一年，美國偵察機在中國周邊撞落中國戰鬥機；小布希（George W. Bush）一上臺就針對中國進行太空戰演習，還十分囂張地宣稱，美國將為保護臺灣而出兵。但是，突然閃來了賓拉登（Osama bin Laden），從背後搗了美國一拳。這一拳，把美國打成了中國的朋友，也打出了8年中美最好的一個時期。這個時期一直持續到2008年。雖然其間美國也不斷在各種領域找中國麻煩，但總體上是比較順利。

但是，到了2008年，又是一個急轉直下。2008年，在美國的帶動下，全球圍堵奧運聖火傳遞；策動西藏騷亂；達爾富爾問題。準備設立非洲司令部。美國開始加速度、大力度，全球圍堵中國。人

權，民主，金融，貿易，石油，媒體，宗教，轉基因食品……等非常規武器的持續運用。

進入2009年，幾乎每個月都有關於中國的不幸消息傳來：4月，美、日、印在中國海軍閱兵的第三天，在沖繩大搞聯合軍演；5月，南海多國宣佈法理擁有南沙；6月，印度對巴基斯坦幾次發出戰爭威脅，同時搞掉了尼泊爾的親華總理，增兵6萬到藏南；7月新疆爆發大規模屠殺事件；希拉蕊（Hillary Rodham Clinton）在泰國簽署《東南亞友好條約》，並公開宣佈「美國又回來了……」；8月，澳大利亞借力拓案，政治上攻擊中國，國防白皮書公開叫囂準備和中國打一仗；8月，緬甸突然出手，痛殺華人。而蒙古國親西方的政府悄悄地上臺，以極端反華為目標的納粹分子開始露頭；9月，13日歐巴馬（Barack Obama）宣佈對中國鋼管、輪胎加征關稅，14日中國反擊，美國當天宣佈派助手到印度會見達賴；15日美國情報部門公告實施報告，把中國和俄羅斯、伊朗、北韓，一起列為危害美國利益的「假想敵」；美國防部長公開鼓勵研製新轟炸機B3對付中國；10月，臺灣突然大規模試射各種飛彈；印度三軍研究對付中國，美印進行18天陸軍演習；11月，印度慫恿達賴訪達旺（Tawang district）；美國副國務卿去緬甸；日本宣佈在沖之鳥建海軍基地。

單個看，每個問題的原因都不一樣；整體觀察，事態很清楚：那就是中國已被「C」字形包圍了。

一、中國已被「C」字形戰略包圍

中國現在有錢了。有錢人有個什麼共同的心理呢？那就是尋求安全。如果你身上只有十塊錢，走在街上你什麼也不擔心；如果你身上帶了一萬，你可能會不自覺地提防小偷；如果你帶了一百萬，

你可能會害怕打劫。如果你擁有一個億呢？你可能會請保鏢，養狼狗。國金證券首席經濟學家金岩石博士告訴我，上海要開一個樓盤，8億元一棟，房子裝的都是防彈玻璃。

個人的安全問題好辦。一個群體呢？這就要取決於國家的安全。個人再有錢，也不過是一根毛。國家是皮。皮之不存，毛將焉附？所以，中國人應該關注國家安全。

錢越多，安全意識越強，作為個人這本來是自然的。作為我們中國人共同的家——國家，現在安全形勢怎麼樣？

今年是新中國誕生六十年，有人說我們的朋友遍天下。我於是拿著放大鏡在世界地圖上找啊找啊找，沒有發現真正的朋友，卻發現了一個比萬里長城長得多的一個包圍圈！

我在2009年8月18日《環球時報》上發表的一篇文章《戰爭威脅離中國不遠》，引起香港衛視、臺灣淡江大學戰略研究所和美國海軍學院專家的解讀，都認為我的分析有道理，也是一個盡職軍人應該做的事。但國內學者中卻幾乎沒有人這樣認為。

我們一定記得，2009年一開年，中國周邊就格外熱鬧，大國小國或公開耀武揚威，或暗中排兵佈陣，或公然搶劫，或大肆挑釁……這都不是偶然的，而是互相聯繫、互相配合的。這些小事件，都是大包圍圈上一個又一個的火力點。

當年，清朝是通過退讓迴避戰爭的，結果從虎門退到北京，丟了江山；中華民國也是如此，從袁世凱的21條，到蔣介石的東三省不抵抗，也是一直退到北京。

現在，我們一些學者認為的中國不會遇到戰爭，其實也是以我們自己的退讓作為前提的。問題是，前車之鑒恍然如昨，退能退到何時，退到哪裡？

放眼全世界，只有中國周邊才這樣；回望歷史，只有晚清時候的中國才這樣。

編織這個包圍圈的是美國。只有它有這個氣魄，也只有它有這個能力和需要。

（一）中國海上藍色大門隨時可能被關死

美國對中國的海上包圍圈以日本為起點。

從蘇聯解體之後，美國和日本就在東海調轉了槍口。日本更在美國的暗中慫恿下，重拾一百年前對中國的蠶食漸進政策。日本本來就有向西的歷史衝動，美國一暗示，立即就有反應。

2009年2月上旬，日本媒體報導日本將在釣魚台海域常駐可搭載直升機的海巡船，招致中國強烈抗議和警告。2月中旬，日美在沖繩（琉球）海域展開聲勢浩大的演習，雙方戰艦達到21艘。美國還派出剛抵達日本不久的一艘核動力航空母艦，規模陣勢為冷戰後所罕見。

駐日美軍與日本自衛隊，一直在靠近東海的沖繩（琉球群島）周圍頻繁舉行海空軍演，《朝日新聞》引述日本軍方人士話說，這一連串的「密演」是為了一挫中國建航母的銳氣。幾年前，日本防衛廳成立了「離島特種部隊」──陸上自衛隊西部方面軍步兵團，還秘密制定了有關釣魚台的「防禦」作戰計劃──「西南諸島有事」應對方針。內容是：當西南諸島「有事」時，防衛廳除派遣戰鬥機和驅逐艦外，還將派遣多達5.5萬人的陸上自衛隊和特種部隊前往。日本軍隊總共二十幾萬，陸軍十萬左右，居然準備拿出一半用於西南海島。

2008年11月，美日兩國在硫磺島附近舉行的聯合海上演習中，

設置了專門針對中國的演習課目，假想中國「武裝佔領」釣魚台，駐日美軍與日本自衛隊共同對中國的軍事力量發動進攻並奪回島嶼。六十多年前，美日在這裡展開驚天動地的大海戰，今天卻攜手並肩，準備對中國。日本海上自衛隊出動了包括最先進的「金剛」級「神盾」驅逐艦在內的90艘軍艦，大批P3C反潛巡邏機。美軍則出動「小鷹」號航母打擊群。日本借美國之力霸佔釣魚台的意圖已經逐漸從模糊走向清晰。

2009年3月，日本第一艘直升機航母正式服役，幾個月後，另一艘直升機航母也下水試航。日本宣佈，將製造四艘此類「驅逐艦」。僅此一項，日本就將成為世界第二大海軍。這一幕與20世紀20年代的情形完全一樣。當時日本也是趁著經濟危機的時候，大力擴張海軍，大造航空母艦，結果20年後發動了太平洋戰爭。

2月16日，美國國務卿希拉蕊訪日，日美雙方簽訂駐沖繩（琉球群島）美軍遷往關島的協定。這個協定的簽署，是美國對日本戰略的重大轉折，喻示著美國正在放出關了六十多年的日本老虎。到現在為止，還沒有人認識到這個協定的嚴重性。沖繩是什麼地方？是原來的琉球。聞一多有個《七子之歌》，在哭臺灣的這一首中，這樣說「我們是東海捧出的珍珠一串，琉球是我的群弟，我就是臺灣……」不僅中國人把琉球看成是中國的孩子，美國人也是這麼看的。二戰勝利後，美國兩次向蔣介石提出把琉球群島歸還中國，條件是派孫立人的遠征軍進駐日本，作為佔領軍。蔣介石一是考慮打內戰，二是害怕日後引起和日本的麻煩，沒答應。之後，美國就把自己的軍隊駐那裡了。它在觀察，看日本和中國未來誰可能成為美國的盟友，它就把琉球給誰。現在，它決定給日本了。

自蘇聯解體以後，在美國的策動下，日本就瞄準了中國。日本就像一個做好了熱身賽即將登臺的拳手一樣，躍躍欲試。日本眼睛

盯著中國大陸，手腳一直在釣魚台和臺灣這裡伸來伸去。至於其在歷史問題上對中國的挑釁，還只是語言方面的衝撞。日本簽完這個協定，心中一塊石頭落地，頓時激情高漲。

7月初，日本防衛省證實計劃派遣陸上自衛隊進駐日本最西南側、位於東海的與那國島。這是地位未定的琉球群島的一部分。與那國島距離臺灣花蓮只有110公里，距釣魚台170公里，距日本現在所謂的沖繩卻有500公里。站在與那國島上，日本的刺刀已經抵在臺灣——中國的胸膛上。

最近日本的艦艇不斷和大陸、臺灣的艦艇發生問題。最新的一個是，日本向聯合國大陸架界限委員會申請將南太平洋的沖之鳥礁，作為日本的國土。這個點靠近美國的關島（Guam）。如果獲得批准，就意味著日本和美國在太平洋的國土連在了一起，而不僅僅是日本獲得大於其整個陸地面積的42萬平方公里的海域和豐富的資源。更重要的是，這個地方成為日本國土，中國海軍就再也無法前出太平洋了。日本的巨大野心顯露無遺。

日本在二戰後並沒有退回到近代史的原點，反而又站在1879年吞併琉球、入侵中國和亞洲的起點上。不僅如此，還從更遠的地方，開始迂迴中國了。

未來東亞戰爭，也許就將從2009年初開始醞釀。這是美國的戰略安排。日本已成為美國的坐騎，不由自主。沖繩協定，是美國給日本坐騎的草料。

日本之後，就是臺灣。

新中國一誕生，臺灣問題的困擾就出現了。遠的不說，從老布希（George Herbert Walker Bush）到小布希，中國因為臺灣問題被美國勒索的金銀和政治讓步，不勝枚舉。直到一年前國民黨上臺，

兩岸的形勢才讓大陸稍微喘了一口氣。但美國對兩岸的緩和耿耿於懷，千方百計予以破壞。歐巴馬新政府剛一上臺，就宣佈將繼續對臺灣出售武器，並提出希望主導兩岸會談，被中國大陸拒絕。但是美國並沒有就此鬆開臺灣話題，3月中旬又宣佈為臺灣升級P3反潛巡邏機。3月24日，美國會眾院又通過了一項所謂紀念《與臺灣關係法》30年的決議案，故意撩撥中國。最近臺灣又屢次提出要購買美制F16CD戰機。在台軍的計劃中，還有購買美國F35的準備。種種跡象表明，美國是不會丟下臺灣這張遏制中國的王牌的。蔣介石時期，是武力反攻；從李登輝到陳水扁，台獨已經喧囂十幾年。最近又開始了。不僅剛剛策劃了達賴訪台，還準備邀請熱比婭。已經法西斯化了台獨不死，總是中國的定時炸彈。美國利用臺灣，敲詐兩岸，吃了原告吃被告，已經形成了漁翁心理。它不會輕易在臺灣鬆口的。

美國針對「台海戰爭」進行了無數的演習，光是著名的蘭德公司就設想了好幾套作戰方案。設想動用太空衛星、偵察機和四大航母戰鬥群，及駐紮在關島和沖繩的B2轟炸機、F22和F35匿蹤戰機，對上海、深圳、廣州、廈門、香港等大城市，以及解放軍飛彈陣地和機場，實施輪番轟炸，以及用「全球匿蹤打擊特遣分隊」，獵殺中國機動飛彈。

越過臺灣，就是南海。

這是美國針對中國海上包圍圈的中間點和關鍵點。2009年2月17日，菲律賓議會通過所謂「海洋基線法案」，非法將中國中沙群島中的黃巖島劃歸為「菲律賓共和國的所屬島嶼」。

3月5日，馬來西亞也起而傚尤，其總理兼國防部長巴達維（Abdullah Ahmad Badawi）登陸中國南沙群島的彈丸礁和光星仔礁。

越南也沒有閒著。4月26日，它任命了一個西沙市長。這是它在對中國的南沙群島任命完縣長之後，又對中國的西沙任命它的官員了。

南海國家一邊口頭說著遵守和中國達成的南海共識，一邊加速武裝。菲律賓已經訂購了法國的6艘潛艇，越南也定了俄羅斯6條先進潛艇，比中國還多，接著又追加了12架長程重型戰鬥轟炸機蘇30。越南先後從俄羅斯引進了S300PMU1防空飛彈系統、4艘「獵豹」級護衛艦、8艘飛彈巡邏艇。4月中旬，越南海軍還秘密訪問了美國海軍艦隊。不能排除未來越南把自己的基地租借給美國用。印度也在培訓越南的潛艇人員，俄羅斯對越南海軍和空軍的支援不遺餘力，一直想重返越南。

印尼海軍最近提出從俄羅斯訂購2艘「基洛」級潛艇。另外，印尼還打算自行研製12艘潛艇。馬來西亞海軍不甘落後，正在積極籌建潛艇編隊。2002年6月，馬來西亞與法國和西班牙的公司組建了潛艇建造聯盟，並採購2艘「鮋魚」級潛艇。馬國官員稱，「為了保衛領海，馬來西亞至少需要10艘潛艇」。馬來西亞還在大力加強近海防衛能力，計劃2010年前建造27艘近海巡邏艇，噸位超過2500噸，可配備直升機。馬來西亞已向俄羅斯訂購了18架蘇30MKM戰機，還決定從波蘭購入新式坦克，從美國進口空中預警系統等，全面更新裝備。

先進潛艇和長程蘇30重型戰鬥轟炸機，都是為誰準備的？如果是這些國家之間準備戰爭，根本用不著潛艇和長程作戰飛機。

不久前，美軍與東南亞國家舉行「卡拉特（CARAT, Cooperation Afloat Readiness and Training）2009」演習。在菲律賓階段和馬來西亞階段的演習中，兩國海上陸戰隊都與美海軍陸戰隊進行了兩棲登陸演習，凸顯正在為搶佔島嶼進行軍事上的準備。馬來

西亞軍事媒體《吉隆坡安全評論》聲稱，此次演習腳本就是以南海的海上糾紛為假想背景，目標直接指向中國。演習說明美國與東南亞6國之間的「卡拉特海上力量集團艦隊」已形成，並將保衛東南亞各方在南海爭端中的權益。此集團形成後，東南亞6個參演國將調動艦隊與美軍編組成一個作戰群，應對南海的任何危機、事故。據報導，美國還有意拉攏越南參加演習。7月21日至24日，越南空軍和美國空軍在越南舉行高級軍官會議，旨在加強美越資訊共用和為將來的美越軍事合作奠定基礎。

日本、朝鮮半島、臺灣、南海……這就是冷戰期間美國為中國準備的第一島鏈。現在不是中國衝擊第一島鏈的問題，而是美國在收緊這一根鏈子。

南海的背後是澳大利亞。

澳大利亞是被稱作第二島鏈的一個點。它最近鼓噪得特別凶，說要防範中國的威脅，要擴充海空軍，白皮書繼續等於公開宣稱準備跟中國打仗。它怎麼擴軍？說出來讓人目瞪口呆：它要訂購美國100架F35！這是第四代戰機，匿蹤型的聯合攻擊戰鬥機。按西方的標準，相當於兩艘大型航空母艦的艦載機。按中國的標準相當於一個航空兵師！它還要購買12艘新潛艇和12艘新軍艦，24架戰鬥直升機，總計花費780億美元！（這個錢裡有很大部分是它用鐵礦石漲價敲中國的）。它擴軍也沒有關係，但它直接說是針對中國的！這麼一個在現代戰爭史上連配角都算不上的國家，也敢指著中國鼻子說話，誰給它的底氣？

9月6日，越南中央總書記農德孟訪問澳大利亞，雙方把關係提升到「全面合作夥伴關係」，特別提出為針對中國威脅要加強防務合作。必須指出，在越南戰爭中，雙方曾經有過戰場上的交鋒記錄，但現在雙方抱在一起了。

孫子兵法說：上兵伐謀，其次伐交，其下伐兵，其次攻城。

上兵伐謀，美國早就在做了。現在是伐交階段，不僅美國這個蜘蛛俠在忙於全世界到處結網，中國周邊的國家也開始伐交，開始聯網了。

越過南海，再向西就是印度。

美國和印度現在可以說是親密無間，繼出售最先進的P8反潛巡邏機之後，美國戰鬥機和其他重型裝備也在進入印度。印度還準備部署美國的反飛彈系統，美國的戰鬥機還在競標印度的空軍裝備計劃。軍備合作的背後當然是戰略的密切配合。美印核協定是美國送給印度的大禮。正是在以美國為首的西方政治支援，印度在中國西藏問題上才敢大膽干涉，達賴最近才死灰復燃，喧囂不已。

2009年4月23日，中國海軍在青島閱兵。4月26日，美國和印度、日本就在沖繩（就是琉球群島）海域進行聯合反恐演習，美國出動了核子潛艇、航空母艦，印度把參加中國青島閱兵的兩艘軍艦，直接開過去了。他們反恐演習的重點是反潛。沖繩有什麼恐？恐怖分子有潛艇嗎？印度號稱印度洋是印度之洋，現在又跑到太平洋來了。它跑來幹什麼？有人說它是想向太平洋擴張，我認為不是，它那幾條破軍艦，哪有那個能力？就是算上它的航母也不行。我看它就是來向美國人表示忠心。當年它奉行戰略投機政策，在大國間左右逢源，特別是討好美蘇，現在還是如此，討好美俄，還加上日本。日本呢，為了對付中國，也和印度打得火熱。印度還跟越南玩得特別好，從1979年中國自衛反擊後，雙方關係就特別好。從太平洋回去之後，印度在6月上旬又和英國、法國的海軍，在印度洋搞起了反潛演習，這一回倒是痛快，直接說是為了對付中國核子潛艇。趁著美國對中國進行海上圍堵，印度拚命發展自己的航空母艦。它自製的2艘航母已經開工，2014年就要成軍。它的蘇30戰機早

就進了安達曼群島（Andaman Islands），俯瞰印度洋。還有超音速的對艦攻擊飛彈。印度在印度洋上不會封鎖美國，也不會封鎖俄羅斯，更不會封鎖日本、越南，它會封鎖誰呢？不言自明。

在我們大提「和諧海洋」的時候，在中國國內還在為造不造航母激烈爭論的時候，美國已暗暗地為中國未來的航母艦隊準備了一支亞洲海上聯軍。越南窮兵黷武，南海地區國家海軍和澳大利亞的備戰行動，日本和印度的潛在敵意，美國毫不掩飾的幕後操縱，種種跡象表明，中國南海的戰略態勢，正在急速惡化。

事實已經很清楚：美國正策動日印對中國進行東西戰略夾擊，澳大利亞和越南配合。日本是一扇門，印度是一扇門，越南等國是門閂。美國就是那個關門人。美國輕輕地一用力，從太平洋到印度洋，3萬公里的海洋大門就對中國關上了。

人無遠慮，必有近憂。最多5、6年，南海國家的深水海軍力量和印度的海軍力量、日本的海空軍都會有質的變化。那時他們會更強硬。我們的航空母艦還在紙上，美國就為中國的新海軍畫地為牢了，就是你只能在自己的洗澡盆裡活動。想到太平洋和印度洋的游泳池嗎？他們手拉手擋在那裡。

目前這一切都是序幕，更激烈的還在後頭。從日本列島到南沙群島，擠滿了世界最先進的潛艇、軍艦和飛機。在這裡，我還沒有提美國駐紮在亞太的八大軍事基地，那裡停著匿蹤戰略轟炸機和核動力航空母艦、核動力潛艇。

中國海軍現在的處境，跟一戰、二戰前德國海軍的情況很類似。戰史專家稱那時的德國海軍是囚徒困境，因為強大的英國海軍一直看著它。兩次世界大戰，德國海軍都是主要被英國海軍（也聯合了其他盟國海軍）殲滅的，所以，人們稱德國海軍是兩次攻擊了

監獄看守。

中國海軍現在也被幾個看守盯著，這就是美國和日本「警察」以及印度和南海的一幫「保安」協防隊員。他們用兩根鏈子（第一、第二島鏈）緊緊地拴著中國海軍，所以，中國海軍今天的處境比當年德國海軍的處境更艱難。

（二）陸地上正被美國抄後路

美國在陸地上對中國的包圍，是接著海上包圍圈展開的。具體地說，是從印度開始的。

印度是美國包圍中國海上封鎖線的終點，又是陸地包圍圈的起點。

2009年5月4日，奉行「毛主義」的尼泊爾總理普拉昌達（Prachanda）在首都加德滿都（Kathmandu）宣佈辭去總理職務。在聲明中，普拉昌達說，尼泊爾對印度卑躬屈膝的日子一去不復返了。這話什麼意思？

印度已經把錫金（Sikkim）國變成錫金邦了，現在又把尼泊爾的政局搞亂，還準備再弄個尼泊爾邦。它對斯里蘭卡（Sri Lanka）和孟加拉（Bangladesh）國的控制就不用說了，斯里蘭卡內戰剛一結束，它就格外積極地參與重建，要「抵消中國的影響」。印度的目的，就是要把這些南亞國家全部變成它的衛星國。美國對此是予以戰略支援的，這樣，印度就是南亞豎起了一座政治的喜馬拉雅山。

印度奉行戰略投機國策，十分善於趁火打劫。1950年，它趁韓戰和中國軍隊還沒有進入西藏之機，突然佔領了藏南。現在，印度看美國對中國加緊進行戰略包圍，又想在邊界問題上淘便宜。2009年3月26日，印度秘密進行了以「中國可能發動短平快入侵」為假想

的演習。印度的女總統還到其非法佔領的中國藏南地區視察，其空軍還在離中國邊境300多公里的地方，進駐了長程重型的蘇30戰機。6月，趁北韓核危機，印度突然向被它佔領的藏南地區大舉增兵6萬人，兩個山地陸軍師，還準備成立一個炮兵師。多年來印度對中國的敵意只是體現在口頭上，現在來真的了。明擺著是配合美國的戰略計劃。印度媒體一直狂炒中國入侵，大談什麼雙方攤牌，製造緊張空氣。印度政府一邊裝著不完全同意媒體的樣子，一邊又允許達賴訪問達旺，還說，達賴可以自由訪問印度的任何地方。達旺是你印度的嗎？如果是，六世達賴怎麼出生在你印度的領土上？印度的囂張已經沒有底線了。

印度之後，第二個點是巴基斯坦。

美軍在巴基斯坦隨意襲擊，表面上看起來是打擊塔利班，其實，細細分析也有著強烈的項莊舞劍的味道：美國使用無人機進行密集襲擊的地區是巴基斯坦的西南省份俾路支（Balochistan）。中國對巴基斯坦的主要投資就在這裡，比如著名的瓜德爾港（Gwadar port）。美國和印度一直疑慮這個港口會被中國用作通向印度洋的出口。外電報導，中國有計劃修建一條從瓜德爾港跨越喜馬拉雅山的輸油管道。美國在這裡大打出手的動機是什麼？一個美國人在香港《亞洲時報》在線5月9日文章中明白無誤地宣稱，「必須儘一切可能迫使建設了瓜德爾、需要伊朗天然氣的中國退出」。[1]

---

[1] 《俾路支省是最終目標》(作者 佩佩·埃斯科巴爾)（Pepe Escobar）：這是風暴前的寧靜。
　　美國總統歐巴馬全新「海外緊急行動」(即過去的全球反恐戰)的「阿富汗巴基斯坦章節」，不僅意味著巴基斯坦部落區要增兵，俾路支省的增兵幾乎也不可避免。

　　從戰略上看，俾路支省令人垂涎：它位於伊朗以東，阿富汗以南，而且有三個阿拉伯海港口，包括瓜德爾，幾乎就在荷姆茲海峽（Strait of Hormuz）的入口。中國建造的港口瓜德爾是重中之重。這是IPI和TAPI之間持續的、關鍵的、但仍在虛擬階段的輸油管戰爭的關鍵點。（IPI即伊朗巴基斯坦印度輸油管道，也稱為「和平管道」。TAPI是常年問題不斷、由美國支援的土庫曼斯坦（Turkmenistan）阿富汗巴基斯坦印度輸油管道，計劃穿越阿富汗西部，經由（轉下頁）

這就是美軍以打擊塔利班為名，在中國投資地狂轟濫炸的隱秘原因。

在美國國內，關於肢解巴基斯坦，控制其核子武器的提議不絕於耳。這是對巴基斯坦刺耳的警告。也是對中國的含蓄警告。

再往西，第三個點是阿富汗。

3月9日，美國宣佈將在今年9月底之前從伊拉克撤出1.2萬人的部隊，2011年之前全部撤出。同時，美國宣佈將大舉增兵阿富汗。3月2日美聯社報導稱，美國一名高官稱北約將請中國在中阿邊境的瓦罕走廊（Wakhan Corridor）開放補給線，以支援北約在阿富汗的反恐戰爭。

為什麼美國從伊拉克撤軍，而不從阿富汗撤軍還要加強？那是因為阿富汗有兩個大鄰國俄羅斯和中國，這才是美國在阿富汗舞劍時真正著意的地方。

美國賴在阿富汗是一箭雙鵰。一是可以繼續實施肢解俄羅斯的大戰略，同時也為削弱中國，掐斷中國自中亞的能源通道，提前佈勢。幸運的是，中國和俄羅斯在中亞有個上合組織，所以，暫時可以緩和一下美國和北約、歐盟的全面攻勢。

（接上頁）赫拉特（Herat），分支到坎大哈（Kandahar）和瓜德爾。）

華盛頓夢想把瓜德爾建設成新的杜拜（Dubai），而中國卻需要把瓜德爾作為港口和運送天然氣的基地。

此外，在歐亞大陸的新博弈中，巴基斯坦對北約和上海合作組織都佔有核心地位——巴是上合組織的觀察員國。因此，誰贏得俾路支，誰就可以把巴基斯坦納為一條關鍵運輸線，既可以通向伊朗的南帕爾斯（South Pars）天然氣田，也可以通向土庫曼斯坦的裡海天然氣資源。

俾路支省對華盛頓的重要性可以通過美陸軍智庫戰略研究所羅伯特·維爾辛（Robert G. Wirsing）的報告《俾路支民族主義和能源政治》來評價。正如人們的預料，一切都圍繞輸油管道。「必須盡一切可能迫使建設了瓜德爾、需要伊朗天然氣的中國退出。」

華盛頓還懷疑，中國可能把瓜德爾變成海軍基地，「威脅」阿拉伯海和印度洋。

自中亞向東，就是蒙古。

多年來，美國和日本一直在蒙古不遺餘力，進行經濟援助，軍事演習，直至扶持親西方政府上臺。美國迄今已被稱為蒙古的第三鄰國。

同處在被包圍中的俄國，與中國的關係最近也連出狀況。俄羅斯非常粗暴地在商業糾紛中使用武力和其他暴力手段，侵害華商的鉅額利益。

如果打開世界地圖，可以發現，中國從海上到陸地，已被美國包圍得嚴嚴實實，像一個橫躺著的U形試管，只剩下東北亞和俄羅斯接壤的很小部分，還玄乎著。但是，隨著日本宣佈未來應對中國崛起，有人主張與俄羅斯攜起手來。果真如此，加上朝鮮半島的局勢如果逆變，這一個小口也可能即將被堵上，那就成了一個O形。

冷戰年代，美國對中國的戰略包圍，只有第一、第二島鏈，且基本處於防禦狀態，而新中國則挾抗美援朝大勝之威，對美呈現戰略進攻態勢。時移世易，今天美國不僅在原來的防線上反守為攻，還將這一進攻戰線，延展到印度洋和南亞、西亞及中亞，呈「C」形包抄、鉗擊之勢。冷戰年代，美國對中國的包圍只有海上的兩條島鏈「半月形」，現在又加上了陸地上一個「半月形」。

這只是美國在2009年初的幾個小動作。如果再算上美國20多年來一直宣揚的各種版本的中國威脅論，在不勝枚舉的許多領域杯葛中國，就可以看出，美國一邊用廉價的心理戰嚇唬中國，不要邁出前進的步伐；一邊就是在中國周邊紮上一道鐵籬笆，還不停地點燃一堆又一堆的隱形戰火。打著中國威脅論的幌子威脅中國，是美國最高超的一步棋。

很多人可能會問：中國對美國是一片誠意，美國也一再宣稱要

發展兩國關係，為什麼暗中緊鑼密鼓、水洩不通地包圍中國？我認為，這並不是美國和中國天然有仇，也不是雙方文明和意識形態的衝突，而是由美國追求建立世界帝國的大戰略目標決定的。

二、當前國際政治和軍事大勢：一個帝王和三大戰場

自古不能謀全局者不能謀一域，不能謀萬世者不能謀一時。發生在中國周邊的所有事情，以及那些發生在中國民族地區的恐怖騷亂事件，都不是孤立、偶然的，而是美國一手策劃的。今後，這種事情只會更多更嚴重。要看清這一點，就必須瞭解當今國際大勢。

回顧20世紀，從1898年向西班牙開戰時起，美國在世界大戰中連續打敗了三大敵人——西班牙、德國、日本，建立了美元霸權體系，取代了日不落帝國英國，又在冷戰中戰勝蘇聯，從此踏上建立世界帝國的征途。

美國在21世紀鎖定建立世界帝國的目標，必須要征服三個潛在對手——伊斯蘭世界、俄羅斯和中國。這是卡特總統（Jimmy Carter）時期的國家安全顧問布熱津斯基（Zbigniew Brzezinski）博士的理論，美國現在還在執行。[1]

---

[1] 1985年美國前總統卡特的安全顧問布熱津斯基博士，其實就是當代美國世界戰略的總設計師，寫了一本書《競賽方案：進行美蘇競爭的地緣戰略綱領》，他在書中寫道：「美蘇關係……不僅僅是國家之間的衝突，同時也是兩個帝國體系之間的鬥爭。而且這是有史以來第一次兩個國家為了全球優勢而爭奪。」

他說，美蘇間過去數十年進行的全球性鬥爭，並非僅僅來自政治理想、意識形態、社會制度、價值觀念（民主或集權）的分歧，而且是具有全球利益對立性質的根本利害衝突。正因為如此，這種衝突將不會由於蘇聯意識形態和制度的某些改變而消除，除非有一天蘇聯被納入從屬於接受美國領導、支配，甘居於附屬國地位的一種新世界體系。

他認為，美蘇鬥爭的深刻實質是「究竟由誰佔據領導地位支配控制歐亞大陸」。

他在此再次引用了著名英國地緣政治學家麥金德（Halford Mackinder）的名言：（轉下頁）

　　從今天的地緣態勢上說，美國已經完全佔領和控制了世界公海、太空、資訊等人類公共空間，正在率領已被征服的歐洲和日本等「諸侯」，利用地區政治聯盟、金融和話語霸權，資訊化技術改造完畢的超級軍隊，三路出擊。

　　三大戰場，三大對手，三種不同的戰法，美國輾轉騰挪，全盤掌控，各個擊破。對伊斯蘭世界是直接軍事打擊；對俄羅斯是顏色革命和北約東擴、反飛彈系統壓縮並舉，圍困肢解；對中國是經濟綁架、金融掏空和地緣包圍，政治干擾、引誘，軍事進逼和外交忽悠相結合。

　　可惜美國的三大對手尚無一個有這樣的全局協同、配合意識，基本上屬於各自為戰，求命自保的狀態。有時甚至還要對美國殲滅對手予以戰略配合，比如美國以反恐為名打擊伊斯蘭世界，俄羅斯就為其提供基地、情報支援等。但美國並不領情，一進來就搞俄國，以顏色革命挖走獨聯體很多國家，還在東歐部署反飛彈系統，擠壓俄羅斯戰略空間。中國亦然，對美國在阿富汗的反恐行動予以道義和實際支援，美國卻在阿富汗開設維吾爾語廣播，指示熱比婭在新疆掀起恐怖騷亂。當然，俄羅斯在吃了很多虧以後，學乖了，

（接上頁）「誰控制了歐亞大陸，誰就支配了全球。」對包括日本、西歐在內的國家和地區，作者在書中也一概看作從屬於美國國家利益的附屬國體系。至於拉丁美洲，則更被看作美國固有的「帝國領地」。

　　他毫不避諱美國統治全球的戰略目標，他認為美國的全球利益，集中在三條戰線上：一是歐洲戰線，與蘇聯鬥爭的焦點是東歐，最關鍵國家是波蘭和西德；二是遠東戰線，鬥爭焦點分別在日本、中國、朝鮮半島，而最關鍵區域是韓國、菲律賓、臺灣；三是遠西戰線，戰略焦點是阿富汗、伊朗、巴基斯坦。

　　他認為，美國的利益是確保三條戰線，同時設法向前推進。而蘇聯的目標，則是應當設法「把美國擠出歐亞大陸」。

　　他說「在三條戰線中的每一條戰線進行爭奪的結局，都很可能主要取決於誰能取得或保持對幾個關鍵國家的控制。這些國家是地緣政治上的要害國家。它們既具有地緣戰略上的重要意義，並且在某種程度上又是任人宰割」。

現在擺出了和美國全球對抗的姿態。看看格魯吉亞戰爭之後，俄羅斯的舉動就知道了。

讓我們從學術的角度思考一下：2001年小布希剛上臺，矛頭直接對準中國，公開宣佈軍事保護臺灣，還在人民幣升值、人權問題上對中國咄咄逼人。突然出了「9‧11」事件，轉移了美國的戰略焦點，小布希一下子對中國換了個表情。之後8年，由於美國深陷伊斯蘭戰場，所以這8年是中國外交壓力最小，經濟發展最快的時期。俄羅斯也是如此。這就是大戰場之間的牽制效應。到歐巴馬上台，美國要從中東戰略收縮了，中國周邊一下子緊張起來，國人頓感危機四伏。為什麼？美國又壓上來了。伊斯蘭戰場的牽制作用變小了。中國有一些人，跟著美國喊反恐，美國說賓拉登是世界的敵人，他也跟著真喊真相信；到中國指責熱比婭策劃恐怖的時候，美國怎麼不跟著中國的聲音來？美國人心裡清楚得很。倒是一些中國學者很弱智。反恐固然是應該的，但各有各的「恐」。如果美國要中國幫他反，它也應該幫中國反。既然是盟友，你的敵人是我的，我的敵人也應該是你的。所以，美國應該把熱比婭押送回中國。否則，我們為什麼要幫你反賓拉登？

從冷戰結束到現在20年過去了。我們看到，在三條戰線上，美國都取得了巨大的勝利或進展。歐洲戰線是全勝，德國統一了，波蘭正成為美軍的反飛彈基地和反俄前線；遠東戰線，美國在武裝日本，控制臺灣的同時，正在朝鮮半島大玩陰謀，準備離間中朝關係；遠西戰線，美國已經涉足巴基斯坦，深入阿富汗，並全面包圍伊朗。它下一步完全可能慫恿以色列襲擊伊朗。

眼下的美國，已經把歷史上波斯帝國、亞歷山大帝國、羅馬帝國、成吉思汗帝國、鄂圖曼帝國、日不落帝國的全部，沙皇帝國的大部，漢唐帝國的週邊，全部納入自己的控制之下。眼下，正在準

備吞併沙皇帝國和漢唐帝國的老窩，然後一統江湖。三條戰線的總目標就是如此。

2001年時任美國國防部長的拉姆斯菲爾德（Donald Henry Rumsfeld）說：「在對手還沒有崛起的時候，打倒他所用的力氣最小。」在絞死阿拉伯強人海珊，基本遏制了伊斯蘭世界復興勢頭之後，美國同步加大了對中俄的戰略壓力。在格魯吉亞戰爭之後，俄羅斯以強力的反擊，將美國和西方頂死在中亞。北約在格魯吉亞搞演習，俄羅斯組建派出中亞五國聯軍，寸步不讓。美國戰車難以前行，於是轉向在中國方向的大戰場尋求突破。

由於2008年的金融危機讓美國經濟和工業遭受重創，同時，美國又在對伊斯蘭世界的新十字軍東征中陷入困境，美國害怕俄羅斯和中國趁機崛起，於是，歐巴馬上台後，美國一下子來了個大變臉，對伊朗大獻慇勤，又是慶賀波斯新年，又是承認伊朗和平利用核能的權力，還承認當年美國捲入伊朗政變，總之是拚命地想和伊朗握手，然後歐巴馬又在2009年6月初到開羅，公開宣佈要和伊斯蘭世界和解，還宣佈支援巴勒斯坦的建國主張，以及從伊拉克徹底撤軍。這就是美國的戰略機敏之處，發現危機，馬上跳出。它要通過這一系列的示好，想從對伊斯蘭世界的戰爭困境中脫出身來，趕緊治療內傷，準備應付俄羅斯和中國。它一邊通過「重啟」麻痺俄羅斯，一邊在中國周邊全面推進。當然，它進行的推進，主要是慫恿「各諸侯」國在四周給中國製造危機，想給未來的中國紮一個牢籠，同時實現其他的戰略目的。

三、美國對中國的暗算

美國不僅僅是對中國構築一個靜態的「C」字形戰略包圍圈就完事。

在冷戰年代，美國對中國是硬圍堵，對蘇聯是軟絞殺；冷戰結束後，美國對中、俄的大戰略，正好反過來：美國對俄羅斯是硬圍堵，對中國採取軟絞殺。一是經濟掏空：28個產業，控制了21個。這是最根本最省事的釜底抽薪。多少年來，當中國沉迷於GDP數位和外貿進出口額的時候，美國卻一直在隱秘地實施著針對中國的經濟掏空戰略。美國借中國的錢，再投到中國，消滅中國的名牌，控制中國的礦產，入股中國的銀行，炒中國的股市、樓市，但是，美國卻不許中國購買美國的企業，不出售給中國高技術和武器，只許中國大量的金錢買美國的國債──其實就是「借」錢給美國，供美國循環用於掏空中國。這方面的事例不勝枚舉，可以參考北京財經大學教授李炳炎在北京大學幾年前的一個講座《外資併購與我國產業安全》。

我在《盛世狼煙》中寫道，美國一邊火上澆油鼓勵中國發展房地產，一邊陰謀暗算中國的戰略產業。比如，以贈送二手波音707，組裝麥道飛機為誘餌，當然還有可能通過收買間諜的方式，搞死了中國的大飛機「運十」，然後他們的飛機全部佔領中國市場。再比如它用中國的火箭發射美國的衛星，一上天就爆炸，毀壞中國運載火箭的聲譽，它拿了保險走人。它的衛星發射前以保密為由不讓我們看，誰知道它是衛星還是炸彈？

這方面的例子太多了。總而言之，就是讓你只長肉，不長骨頭。因為只有肉它以後可以吃，你有了骨頭就有了力量，它可能吃不著。

（一）美元陷阱

美國突然爆發的金融危機，在暴露美國金融體系混亂的同時，也突然暴露出中國手中握有一萬多億美元債券的驚天事實。

我想要說的是，這些錢，是中國改革開放30年的財富積累，現在大部分被美國拿去了，只要跳出純粹的經濟和金融視角就可以一目瞭然：美國已經通過債券綁架了中國！

中國無法拋售這些債券，否則只能讓這些債券早日貶值和更大幅度貶值，美國還在威脅利誘中國必須繼續購買美國債券，因為如果中國不買，美國經濟不能早日復甦，這些債券仍然是一文不值，而且人民幣還要升值，影響到中國以出口為主的工業體系。美國就用這樣的話嚇唬中國把錢送到美國的口袋。

中國的錢被美國拿走，中國不再有錢購買技術，建立現代工業體系和發展軍備，事實上等於斷送了現代化的前景。誰都知道，現代化就是工業化，沒有錢怎麼工業化呢？中國因此也沒有基本的國家安全，因為一萬多億美元，沒有轉化成任何一點國防能力！美國不賣給中國軍火和高技術，歐洲也不賣，只賣給中國債券。美國拿著中國的錢，等待機會，等中國破產時，低價收購中國的資產，然後再高價盤剝中國！美國為什麼不購買中國的債券？為什麼不拋售黃金救美元？為什麼不出售波音公司救它的金融機構？

誰都清楚，美國同時開動印鈔機大印美元，必然要導致美元大幅度貶值，中國手上的美國國債最後還是一文不值。只要有工業在，有資源在，美國就一直會在軍事上遙遙領先其他國家，別人就得繼續給它錢。它什麼也不在乎。但它牢牢抓著工業、高技術和資源。

英國《金融時報》網站2009年5月24日報導說，中國掉進「美元陷阱」，幾乎別無選擇，只能將大部分日益增加的外匯儲備不斷注入美國國債市場。儘管明知美國金融市場兇險，但僅3月分一個月，中國直接持有的美國國債就增加了數億美元，現在已經超過8000億美元，繼續不得不充當美國政府最大債權人。這是一枚不值得驕傲的金牌。《華盛頓郵報》5月26日文章以戲弄的口吻說道：「中國出人意料地從國際金融體系的膽怯參與者搖身一變成為不耐煩的敲桌子者……作為國際金融體系核心的美元一旦貶值，中國政府勢必會虧錢。所以中國想方設法減少美元貶值風險。最牢靠的辦法是停止買入太多美國國債，但這將使人民幣升值，從而加劇出口困境。所以中國千方百計尋找能走出美元陷阱而不會推高人民幣的法子……它希望更多地通過人民幣結算……但想以此逃離美元陷阱，就有些可笑了……這就好比老虎機邊的賭徒，絕望地增加賭注，使損失愈加慘重。」

在美國在伊拉克和阿富汗陷入戰爭困境的時候，美國的戰略家們也為中國設計了一個金融陷阱。當年美國整蘇聯的時候，曾經設計了一個軍備競賽的大戰略，誘使蘇聯把錢都變成黑乎乎的核子武器。蘇聯光核子潛艇就造了300多艘，氫彈到了一億噸當量，核彈頭幾萬枚。最有名的是星球大戰計劃。最後弄死了蘇聯經濟。現在還無法判斷，這次金融危機是不是美國的戰略家有意設計的。但我一直很疑惑：為什麼別的國家發生金融危機，都是自己的貨幣一文不值，為什麼美國發生金融危機，美元不貶值？我把這個疑惑發在上海的《新民週刊》上了。一切重大的歷史真相，都是國家最高機密。美國跟我們不一樣，我們的韜光養晦，地球人都知道；美國的真實意圖，永遠都不會有人知道。不管是不是美國故意製造的金融危機，可以肯定的是，美國將利用這次金融危機，全面洗劫中國財富，徹底遏制中國的發展勢頭。

伊拉克戰爭前，石油是25美元一桶。2003年伊拉克戰爭之後，石油價格被推高到140美元一桶，我們在那個價位開始戰略儲備。我們要知道，世界很多大石油公司都在美國人手上，而且石油是用美元結算的，價格高美國可以從這個地方彌補自己的損失。中國的損失從哪裡彌補？但是，美國沒有料到的是，俄羅斯趁機起來了，因為它是石油輸出國。美國一看，這不是養虎遺患嗎？於是又開始打壓。正是從這個地方，我在2004年就看到美國絕對不敢打伊朗。當時俄羅斯連續給伊朗先進武器，想激怒美國開戰，因為那樣石油會漲到200美元一桶，俄羅斯會加速復興。但美國人沒有上當，不僅不打伊朗，從伊拉克都準備撤軍了。

打壓石油價格肯定有利於中國，但是，美國有辦法讓中國獲利的部分，跑到美國的手裡。美國一邊哄著中國繼續買它的債券，一邊又居心叵測地在中國周邊和國內製造麻煩，從直接的動機上說，在中國周邊製造動盪乃至誘發戰爭，是想讓中國陷入四面楚歌，或與外敵發生對抗，或引發國內衝突，從而達到為淵驅魚，把中國資金趕到美國去！不僅把外國投在中國的資金趕走，還把中國自己的資金趕走！也就是說，中國只買美國的債券還不夠，美國還要把中國所有的財富和未來，也都要拿去，只不過用的手法格外隱秘就是了。這樣既救了當下的美國，又毀了中國的未來，除去心腹之患。此舉比用軍備競賽拖垮蘇聯更高一籌。

我們要看清並記住這一點。21世紀第一個十年發生的事，將會深刻地影響未來50年乃至更久的時間。

（二）外交鉗制

大挖中國的盟國，全面孤立中國，就像吃螃蟹一樣，一根一根地掰斷中國的腿。

東南亞

20世紀60年代，美國是東南亞的敵人，中國是東南亞的戰略後方，特別是越南，中國對它有救命之恩。越南對那時犧牲在越南的中國烈士，豎的墓碑都稱為世代感恩碑。現在，東南亞基本上成為美國的政治屬地。越南親美程度超過親華。

由於國際政治生態的變化，中國失去了很多真正的朋友。有人今天還說中國的朋友遍天下，把有外交關係等同於朋友，這不是自欺欺人嗎？中國真正能夠稱得上真朋友的，就是身邊的三顆小衛星：北韓、緬甸和巴基斯坦。但是，美國現在大玩陰謀，要摘走中國的三顆小衛星，也就是掰斷中國僅剩下的三條螃蟹腿。

北韓

北韓與中國的關係，儘人皆知，用鮮血和生命凝成的戰鬥友誼。但現朝鮮半島形勢是世界上最緊張的。這背後就有美國的戰略陰謀。美國發現，北韓是中國周邊唯一一個它無法插足的地方，但北韓一再胡鬧，根本目的乃在於要和美國直接發展關係，以延續政權生存。看透這一底牌，美國於是設局，讓中國為它火中取栗。它不斷刺激北韓，讓北韓拚命發展核子武器，嚇唬日本和韓國繼續抱緊美國大腿，同時在國際上損害中國威信，製造中國無力控制北韓的事實，同時激怒中國制裁北韓，因為北韓擁有核子武器中國也將受威脅。一旦中國對北韓動作量過大，就會把北韓推向美國，美國就會順勢在中國的陸地出口上，堵上一塊石頭。所以，美國現在對北韓核危機一點都沒有危機感，它在靜觀，以期用不戰而屈人之兵的辦法，掌控全部朝鮮半島；再加上日本，美國針對中國的戰略橋頭堡和戰略預備隊的實力，就厚實得多。這同時也可以用來對付俄羅斯，以策應它在中亞的東進戰略。如果我們再不有所作為，北韓倒向美國是必然的。而且會很快。所以，我判斷在西藏、新疆之

後，東北延邊會成為中國下一個動盪的地區。只要美國控制了這一地區，美國一定會製造大規模動盪。我們想想「3.14」和「7.5」事件的外因就知道了。

緬甸

緬甸是毛澤東時代為中國經營下來的戰略資產。但是，前段時間，緬甸政府軍突然對華人自治區大動干戈，血洗果敢（Kokang）。這是為什麼？這裡面有兩個事件與此有關，一是不久前緬甸以國家元首的規格，接待了美國參議員吉姆・韋布（Jim Webb）；二是中國已經籌備4年多的緬甸油氣管線本月動工。中國修這條線，可部分擺脫麻六甲海峽（Strait of Malacca）的困境。但是，現在這裡突然打起來了，而且首先是在華人自治區。

緬甸是中國西南重慶、成都和昆明大三角地區的出海口。開通這個點，可以避開麻六甲海峽，還節省3000公里海路。麻六甲海峽最窄的地方不到3公里，一挺機槍就可以封鎖。現在在美國控制之下。

這也是中國通向印度洋的最便捷的通道。中國與非洲、歐洲、中東的貿易，大部分要走印度洋。而印度還處心積慮，要在印度洋上找中國麻煩。緬甸的出海口，對中國有至關重要的意義。正因為如此，美國不遺餘力，予以封堵。

《環球財經》引述一位學者的話說：緬甸軍政府，事實上對中國也不信任。它現在對中國好，是因為被西方制裁得別無選擇。只要一有機會，緬甸就會利用印度、東盟平衡中國；如果美國和西方對它露出笑臉，它馬上會鋪紅地毯歡迎他們。現在，美國為了牽制中國，對它伸出了手。

果敢地區領導人彭家聲說：緬甸軍政府想跟美國、印度、一些

歐洲國家，特別是美國發展關係，緬甸軍政府急於要證實自己不是中國支援的傀儡，這就是緬甸軍政府單挑果敢痛下殺手的原因，同時也試試中國政府的反應。

巴基斯坦

由於阿富汗戰爭，美國已經基本上控制了巴基斯坦。美國控制巴基斯坦有戰略上的雙重用意。一是抓住伊斯蘭世界的龍頭。因為巴基斯坦是伊斯蘭世界唯一擁有核子武器的國家，內心裡相信文明衝突的美國人對此是不會放心的，怕這些核子武器在伊斯蘭世界擴散，那西方世界就亂套了，所以，反恐一開始，先進入巴基斯坦，把聯軍的後勤基地放在巴國，實際上就是變相佔領巴基斯坦。對於中國而言，則等於自己的鄰國，在戰略上已基本失去可以依賴的價值。中國援建的、可以直出印度洋的瓜德爾港處在美國飛機威脅之下，這就是例子。這是中國可以避開印度洋上印度鉗制的地方，但現在很麻煩。

至於美國在非洲和其他地方圍堵中國的事就不說了。

（三）第五縱隊中心開花

外部包圍，中心開花：繼西藏之後，新疆的大騷亂。李登輝再次到日本大放厥詞；達賴訪臺灣；熱比婭到澳大利亞和日本；民運分子從臺灣跑到達賴大本營……這些事件，我們孤立地把它看做三股勢力，實際上背後都是受美國操縱的。賴斯為什麼當初一定要把熱比婭接到美國？就是讓她搞亂新疆。因為其他地區都有頭，新疆還沒有。搞亂新疆的目的，短期還是能源通道，那裡是西氣東輸的起點；長遠就是為以後肢解中國做準備。

中國總共有三條陸地能源通道：一是新疆，一是靠近北韓的東

部，一是緬甸，還有一個準備備用的巴基斯坦。這幾個點目前都是美國針對中國的戰略重點。目的就是掐住中國的喉嚨。海上，太平洋上已經被美日控制，印度洋上又有美印，基本上海路已被封死。陸地上再被鎖住，中國人將被餓死在快要啃光了的大陸上。

這就是美國對中國的困獸戰略。美國不會直接開大軍像韓戰一樣和中國軍隊大戰的，它會將中國困死在自己的土地上。中國要想不被困死，就得給它送錢。

政治迷魂藥。為了害怕中國人明白上述的一切，美國的經濟學家發明了GDP概念麻醉中國人，就像當年給俄羅斯開出休克療法的藥方一樣。很多中國學者津津樂道GDP，客觀上麻痺著國人的理智。前不久在《環球時報》召開的未來十年中國發展的研討會上，號稱中國最精英的一些學者就認為，2009年中國的GDP會超過日本，再過十年中國GDP可能超過美國，那時中國就有說話的份量了。這真是沒有歷史常識的奇談怪論！我當時就笑談質問：1840年中國的GDP是世界1/3，英國日不落帝國的GDP才占1/20；全部歐洲加起來，也比中國差得多，為什麼中國不瓜分歐洲，而被歐洲瓜分了？就是衰落到1894年的時候，中國GDP還是日本的9倍多，為什麼中國不打敗日本，收回琉球，反而被日本打敗，丟了臺灣？歷史上GDP數量並不等於大國地位，為什麼到了現在，反而成了大國的標誌？會場鴉雀無聲。

有人會問，美國和日本今天的GDP比中國大，為什麼是大國？那是因為人家的GDP構成，是高科技，是資訊產業，航太產業，航空產業，航海產業，大型機械製造業，生物產業和現代農業！這些產業，平時都具有世界擴張性，都可以以暴利賺取世界的錢；戰時，全部都可以轉為國家的軍事實力，消滅敵國，掠奪財富。

中國呢？清朝時的GDP是茶葉、蠶絲、瓷器，現在的GDP主要

是房地產，根本不能到世界上擴張賺人家的錢，只能盤剝自己的民眾，還幫著國家資本打劫自己人民的財富。其他如紡織品、玩具、菸酒，統統都是低技術的東西，到國外賺的也是血汗錢，根本不能在戰爭時期轉化為國防實力。看看我們滿大街跑的汽車，有哪一種是完全中國自主知識產權的？中國的大軍艦，中國的主力戰鬥機，有哪種發動機是自己造的？戰爭打的是武器庫裡的硬傢夥，而不是國庫裡的軟金條和貨幣！

中國現在構成GDP的東西，沒有任何可以轉化為現代網路戰和太空戰、空中戰爭能力的東西，只能供國民小享受和某些貪官污吏大享受的東西，最後還要被外國人拿去。這樣的沒有自我保衛能力的GDP是什麼？我看用中文拼音翻譯一下很形象，就是GouDePi狗的屁！也可以翻譯成「guangdanpao」，光蛋跑。被人家奪完了，成了窮光蛋，被打跑。近代史不就是這樣嗎？美國和日本、歐洲、俄羅斯的GDP是什麼？可以用漢語翻譯成「GongDiPao」，攻地炮！攻擊地球的大炮！狗屁遇大炮，什麼結果？傻瓜都知道。

由於中國經濟主要由低技術產業拉動，所以，中國的經濟優勢不能轉化為軍事優勢，因此也無法轉化為戰略優勢和政治優勢，在當今世界上只能淪為被敲詐和被侵害的物件。這事實上將阻礙甚至斷送中國的崛起。外國人非常清楚這一點，所以，美日歐都不約而同地限制高技術進入中國。美國大舉進入中國的就是麥當勞、可口可樂，其他只賣產品，基本不賣技術。但是，它的資金到中國來，卻只買資源和工廠。

除了這個經濟發展的概念之外，還有一些國內外的人，在說著很多的漂亮話，解除中國人的精神武裝。這裡我就要說曾和我同台演講的門蒂斯（Patrick Mendis）先生。因為他發明的一個「中美國」的G2概念，讓不少中國人聽了很受用，認為美國人終於把

中國當平等的哥們了，至少是承認中國的實力了。前幾年佐利克
（Robert・B・Zoellick）說個中國是利益攸關方，不少人就很感
動。可是，聽了門蒂斯先生關於G2的解釋，我總是感到不對勁。他
說，中國人生產，美國人消費；中國人掙錢，美國人借錢。就這個
模式。這根本就是讓中國當奴隸，讓美國當老爺的模式嘛！憑什麼
中國人天生就要為美國人打工？我們自己不會消費嗎？中國人真的
是牛，吃的是草，擠出來的是奶，還要端給美國人喝？為什麼美國
要借中國的錢？世界上有富人向窮人借錢的道理嗎？中國人的錢是
怎麼掙來的？每年的礦難，環境污染，辛苦的打工者，中國的錢都
是帶血的。

美國怎麼還呢？我在這裡要加上一個個人的判斷，並且願意
與諸位打賭：我認為美國欠中國的錢，是永遠不會再歸還了，至少
不會等值歸還了。就像一塊肉進了狗肚子，你怎麼還能指望它給你
吐出來呢？我們有些人還要求美國保證我們美元資產的安全，這就
等於跟那條狗說，你要保證我們那塊肉的安全。狗一定會說：放心
吧，你的肉在我的肚子裡很安全！

一些學者可能會較真，你可以賣呀。但是你賣，它可以凍結
啊！你賣不了。賣少點可以，賣多了不行。而且你賣，誰接盤？全
球都會跟著你賣，貶值一落千丈。

它只是不斷地借新錢還舊債，都是你的錢在循環。所以，表
面上看起來它在不斷的還，實際上是在吃你的肉，卻拉狗屎給你，
因為它在通貨膨脹，錢在貶值。它不可能真正還肉給你的，它怎麼
可能吐出來？我最初只是判斷美國不會還，金岩石博士給我講的另
一個故事證明了我的推論：有一天巴菲特（Warren Buffett）在一個
經濟學家和政府官員參加的會上說，美國經濟的運轉，就是靠不停
地借錢。一個美國小孩問他說：巴菲特爺爺，您這輩子借的錢，將

來是不是要讓我們去還？巴菲特說：孩子，好好學習！讓你的孫子
替你還！那我們就看看，未來美國孫子是怎麼還這筆天文數字的錢
吧！而且門蒂斯先生在演講中，也回答了我之前對這個問題的質
疑。他說，當初我們欠英國人的錢，我們把它打跑了。我們也欠過
荷蘭人的錢，我們也把它打跑了。我們現在也欠中國人的錢。本質
上這沒有什麼不同，只是8000萬和8000億的區別。馬國書先生跟我
說，這是他在開玩笑。可是我就是笑不出來。一個黑老大，「借」
了你的錢，他帶著打手、槍炮和狼狗，你一個乾巴瘦的平民小老頭
敢跟他要？能要得回來？所以，現在它們關於保護我們資產的承
諾，在我聽起來就是放狗屁。這就是我們能指望的了，要麼是狗
屁，要麼是狗屎。你要再不服，它還可以露出帶血的狗牙給你看
看：你是要錢，還是要命？！

　　據說是第一個發明了「G2」概念的門蒂斯先生，在和我同台在
上海交大演講的時候帶來了一本他的著作《貿易締造和平──美國
如何建立國際新秩序》。還在初次相見的時候，我就跟他提出，這
個命題是不對的，貿易締造過和平嗎？歐洲進行地理大發現時，打
的就是貿易的旗號，不僅沒有給殖民地帶去和平，歐洲還展開了瓜
分世界的第一次狂潮。歐洲的海軍就是從海盜起家的。英國女王看
到海盜頭子德雷克（Francis Drake）直接搶奪西班牙的金銀船，很眼
熱，就跟他合夥，授予他海軍上將，還出船讓德雷克去打劫，兩個
人分。1840年英國的貿易給中國帶來的除了鴉片就是戰爭。從歐洲
進行地理大發現時起，世界打了500年的仗，沒有一個地方的和平是
貿易締造的。

　　美國是以貿易立國的，獨立以來200多年，既沒有給本國的印
第安人帶去和平，也沒有給鄰國墨西哥帶去和平，美國的崛起是以
向西班牙開戰為標誌的。這裡有個瑞典斯德哥爾摩國際和平研究所

（Stockholm International Peace Research Institute）發表的權威資料：冷戰以前，美國平均2.4年打一仗；冷戰後至今，平均1.4年打一仗。就說和中國吧，以前的不說了，改革開放後雙方的貿易進行了30多年，美國給中國帶來什麼了？當然雙方沒有打仗，但是，美國構築了一條對中國的包圍圈。美國人幽默地說：中國人賣給我們有毒的玩具，但我們賣給他們有毒的債券！美國一邊用儘心機，讓中國買它有毒的垃圾債券，同時又不遺餘力地對中國進行大戰略層面的「軟進攻」。

2009年9月9日，美國宣佈對中國鋼管徵收懲罰性關稅；3天後，又宣佈對中國輪胎加征懲罰性關稅。中國一天後展開報復，調查美國的汽車和肉雞反傾銷，貿易戰開始！日本《產經新聞》13日說，「G2」脆弱性暴露無遺。又過了一天，14號，歐巴馬派他的高級助手到達蘭薩拉（Dharamsala），密晤達賴。美國開始耍無賴了，用支援中國恐怖分子的辦法，壓中國在貿易上讓步。如果說小布希在伊朗和北韓目前露出的是紙老虎原形的話，歐巴馬在中國人面前露出的就是笑面虎原形！這就是美國一學者門蒂斯先生所說的「G2」！

前不久，門蒂斯先生說我是冷戰思維，還說美國和中國從來沒有進行過戰爭。我問他韓戰算不算，門蒂斯說那不是美國，那是聯合國在和中國打。毛澤東選集裡收了一篇文章，是毛澤東評美國白皮書的。毛澤東從1840年算起，說美國侵略中國的歷史可以編一本教科書。這是歷史，現在中國不用毛澤東時代的話語體系說話了。那我們談未來。如果美國真想和中國以貿易締造和平的話，能不能不和日本搞針對中國的演習？能不能不支援台獨？能不能不支援達賴和熱比婭？能不能不在南海問題上暗中建立針對中國的政治和軍事聯盟？能不能不跟印度合謀算計中國？

我知道我這是在與虎謀皮，讓美國放棄它的世界帝國大戰略，

美國會聽嗎？所以，我認為門蒂斯先生貿易締造和平的說法要想立得住，應該加上公正二字。不過這也很困難：美國總是開著航空母艦和戰略轟炸機去做生意，就像當年英國人開著蒸汽機軍艦做生意一樣，它願意公正嗎？

貿易圍堵，美國帶頭，世界正對中國發起暴徒般的貿易攻擊。「世界銀行資助的全球反傾銷資料庫顯示，經濟危機開始以來，各國一直在拉幫結派，利用世界貿易組織（WTO）的規定發起暴徒般的反擊，以限制來自中國的進口」——近日，美國布蘭代斯大學（Brandeis University）經濟學教授查德·鮑恩（Chad P. Bown）在英國《金融時報》發表了這樣一篇題為《歐巴馬必須抵制保護主義暴民》的文章。然而，類似警告沒有起到實質作用，針對中國的保護主義暴民大有湧出「牢籠」之勢。

2009年10月1日，俄國《全球政治中的俄羅斯》雜誌主編盧基揚諾夫（Anatoly Lukyanov）發表了一篇文章，文章稱，北京不謀求霸權，但也不願受到外部限制。因為北京相信，它能夠控制自己的野心，只追求自己應得的合法利益。不過，如果保持目前的增長速度，中國將難以避免衝突。因為到了一定階段，其他國家的行為將不再取決於中國的真正意圖，而是以各種手段平衡中國強大的潛力。

四、為什麼中國不能擺脫下一場戰爭的劫難？

貿易不能締造和平，財富卻總是帶來戰爭。對未來我很悲觀，我認為中國不可能逃過戰爭的劫難，而且這個劫難就在不遠的未來，最多10年到20年。

這是三大因素注定的。

（一）美國是軍工綜合體國家

它的國家經濟結構，三分之一的企業都從事軍事裝備的生產，核心產業幾乎都是軍事工業。它的技術進步和經濟發展，都是靠軍事工業發展拉動的。什麼拉動軍事工業？就是戰爭。我前面引述的美國平均一年多打一仗的事實，就說明了這一點。美國的軍事技術不僅影響了美國，也影響了世界。今天人們用的手機，最早就是朝鮮戰場上的蜂窩式無線電話；今天的電子電腦，就是核軍備競賽的副產品；今天的太空衛星技術，那是美國星球大戰的產物。

美國歷屆政府高官都和軍工企業關係密切。曾經策劃了越南戰爭的麥克納馬拉（Robert Strange McNamara）（甘迺迪（John F. Kennedy）和詹森（Lyndon B. Johnson）出任總統時的國防部長），之前是福特公司的總裁。福特公司與軍事有什麼關係？今天中國儘人皆知的悍馬車就是它的產品。它為美國生產了大量的軍車。前兩年才退休的、伊拉克戰爭的策劃者，小布希政府的國防部長拉姆斯菲爾德，曾擔任過蘭德公司的董事長，而蘭德公司是美國大軍火企業洛克希德馬丁公司的智囊團。

這就解釋了為什麼美國不停地打仗，它打仗就是在「貿易」，就是在發展經濟。我為什麼說門蒂斯的理論是錯的呢，就是他還沒有我瞭解美國。和我們到處尋找假想的朋友不一樣，美國到處尋找假想敵。打仗，不僅為美國直接奪得利益，還拉動了軍火工業，直接讓企業和個人獲利。美國人打仗，每次都有著為自己的裝備做廣告的意味，每一仗結束，都會賣出大量的武器。美國人打仗就是在做生意。當年的波灣戰爭，它讓盟國出錢。戰爭結束後，美國的武器幾乎一統江山，一直平分秋色的蘇制武器，就是那個時候，被美國徹底打壓下去的。

2008年，美國金融危機這麼厲害，出口全面萎縮，但軍品銷售卻遠遠超過2007年，達到378億美元，佔全球軍事貿易的2/3。就是這一年，美國開建了最新型的核動力航空母艦，有電磁彈射器的。空軍還研製了歷史上最大的常規炸彈。美國作為走出經濟危機的措施之一，就是發展軍備。發展了軍備，當然就要用，不然怎麼可持續發展呢。所以，美國就像一隻尋找小動物的草原狼，到處嗅。我們想想，要是美國真希望和平，不打仗了，它的武器賣給誰？它的軍事工業怎麼辦？它的GDP全是這些軍事工業拉動的，中國的GDP全是政府投資拉動的。沒有戰爭，美國的經濟怎麼發展？技術怎麼發展？別人打仗，它賣武器，兩次世界大戰都是這樣的。現在，別人不打了，它去打別人。二戰結束以後，基本上大規模的戰爭，都是美國發動的。韓戰、越南戰爭、波灣戰爭、科索沃戰爭、伊拉克戰爭，阿富汗等等。

打仗，可以要別人的命；但是，不打仗，那就要了美國的命！所以，美國一定會不停地打下去，就是以後它建立了世界帝國，如果它不從整體上改造這樣一個軍工綜合體的國家經濟結構，它也不會停止戰爭的。這就好比山裡有一隻老虎，你怎麼能指望這個山裡不會有其他動物被吃掉呢？很多人看到美國不佔別人的領土，就忽視了它的侵略性。其實，它就是搶奪財富。它滅掉伊拉克，從伊拉克銀行搞走多少錢，多少黃金？還不算它弄到的石油控制權。

（二）世界戰略焦點到了中國

它一邊打著阿富汗，一邊琢磨俄羅斯和中國周邊可以進行戰爭的地方。一個是北韓。目前它是玩陰謀，想讓中國親手送給它。如果中國不上當，它就要嚇唬中國和北韓。它前幾天說正在準備在朝鮮半島進行核戰爭，就是如此。第二個就是嚇唬緬甸。看到果敢

的情況，我覺得緬甸可能有點怕它了。其實，美國就是在奪中國的盟國。美國原來也在奪俄羅斯周邊的烏克蘭和格魯吉亞，但俄羅斯把馬刀亮出來了，美國很猶豫，不敢讓烏克蘭和格魯吉亞加入北約了。

美國不停地尋找敵人，進行戰爭，最後的大目標就是建立世界帝國。佔有全世界的資源，供它享用。2009年9月8日，巴西和法國一下子簽了一個125億美元的軍火大單。而且巴西還放出風來說，它早就有能力發展核子武器。為什麼？因為巴西剛剛在自己的海域發現了500億桶的石油。之前，美國和西方就一直想共用亞馬遜（Amazon Basin）。巴西感到危機了。哪裡有資源，哪裡就會吸引美國。

蘭德公司不是已經給歐巴馬提出了與其用7000億美元救市不如用這個錢進行戰爭嗎？美國要通過戰爭拉動經濟，它就一定要尋找獵物。找誰？找那些有錢的、有東西的、軟弱的、沒有實力反抗的。誰是呢？伊朗、委內瑞拉、北韓可能是。這就是伊朗和北韓發展核子武器的原因，也是委內瑞拉和俄羅斯剛剛簽署武器大單的原因。但更大的可能是是中國。為什麼？這是因為國際戰略鬥爭的焦點，已經轉移到亞洲，確切地說，是轉移到中國身上了。

20世紀中期以前，世界戰略鬥爭的焦點一直集中在歐洲。當時大國間鬥爭的中心問題，是爭奪國際工業霸權。

20世紀60至80年代的20年間，世界戰略鬥爭的重心由歐洲向中東轉移，其中心問題是為了爭奪世界石油資源的控制權。隨著波灣戰爭的結束，蘇聯勢力自中東全面撤出，以及目前中東和會的召開，可以說在美國於中東暫時地重新掌握了主動權的結局下，中東已經不再是世界戰略的焦點。

　　自20世紀90年代以來，世界戰略重點轉移到亞太地區。先是日本在60年代崛起，90年代成為經濟超級大國，對美國、西歐已取得金融和高技術方面的壓倒性優勢地位。四小龍成為新興工業地區，出口力量和技術提升咄咄逼人。這三大力量牽動著更廣闊的亞太地區經濟發展，成為當代世界經濟的火車頭，從而深刻改變了全球經濟結構和戰略關係。美國、歐洲擔心，這樣下去，西方統治世界的地位將被顛覆。於是，美國和整個西方，便把戰略重點對準亞太，準備使用各種手段，壓制住亞洲的發展勢頭。這就是美國迫使日元升值，讓日本經濟陷入停滯，索羅斯（George Soros）在東南亞、四小龍製造金融危機的原因。這才是最高明的戰爭，不戰而屈人之兵。但是，中國躲過了這一劫。於是，美國調集全部的力量和智慧，轉向中國。

　　值得所有中國人警惕的是，每當一個地區成為世界戰略的焦點，伴隨它的都是慘烈的戰爭。當歐洲是戰略焦點的時候，兩次世界大戰都發生在那裡；當中東是焦點的時候，從1956年的蘇伊士運河（Suez Canal）事件，1967年的「6・5」戰爭，1973年的「十月戰爭」，1982年的黎巴嫩戰爭，1980年的兩伊戰爭，1990年的波灣戰爭，直到2003年伊拉克戰爭。二十多年血雨腥風。

　　現在，世界戰略焦點到了中國，憑什麼中國可以例外地不會面臨戰爭呢?

　　實際上徵兆早就出現了。從世界戰略重點轉到亞太開始，中國周邊就開始出問題。最先是邊緣區域，如朝鮮半島、中南（印支）半島、港臺海區、南中國海區域以及環鄰西藏的南亞區域，這些區域目前蘊涵複雜的經濟、政治、主權領土爭端和民族、宗教問題，因此隨時都可能成為突發矛盾、衝突激化的國際爭端區域。

　　最隱蔽的領域還是經濟。美國、日本和歐洲，已經深深地打入

了亞洲四小龍和其他新興工業地區，以掌控這個新興市場。後來，他們就開始進入中國大陸本土了。中國內部的問題也是這個時候開始出的。先是1989年「六四」，後是法輪功，再是西藏、新疆。熱比婭不是今天才鬧事的。她是在小布希時期被美國要走的。他們還通過收買郭京毅這樣的商務和高層經濟官員，以戰略滲透中國經濟，搞垮中國大陸的品牌，控制中國的核心企業，以及金融。我猜想，他們就是那個時候，忽悠中國買他們國債的。加之中國有些經濟官員沒有戰略頭腦，就鑽進了套子。也是從這個時候，各種各樣的「中國威脅論」版本層出不窮，美國用這個煙幕彈掩護它的全球軍事力量大轉移，從歐洲轉到亞洲。

蘇聯解體以後，美國和整個西方，一直根據資本主義的原則和殖民主義的思維，進行著新的支配世界的設計。美國給自己定位為世界帝王，其他西方國家則是諸侯王。他們發明了「人權高於主權」的口號，在世界上任意動用武力。但是，由於中國和俄羅斯塊頭太大，且都擁有核子武器，使他們輕易不敢動用武力，於是結成全球國際資本聯盟，通過經濟的手段和資本的力量，誘惑、綁架、控制中國。我們可以看到，美、日、歐三大勢力儘管彼此也是矛盾重重，但在對華的很多問題上，如壓中國人民幣升值，限制中國商品出口，人權，限制武器和高科技出口等，總是不謀而合，配合默契。其共同目的，都是想阻止中國成為新興工業大國，使中國繼續成為他們剝削和掠奪的物件。

所謂人權，所謂民主及其他意識形態問題，都是實施這一目標所需要的道義藉口和理由。

他們的基本做法主要有：以意識形態和挑動高層政治紛爭，使中國陷入長期內亂；利用台獨、藏獨和疆獨分子，在民族和領土上分裂肢解中國；在經濟上摧毀中國國有制下的整體民族工業，通過

向私有化的過渡，把中國的部分「中產階級」買辦化，資助所謂的精英使其成為西方利益的代理人。

現在中國已經出現了這樣的危險趨勢。整個國家的經濟基本上靠房地產支撐，不僅沒有發展起來先進的戰略產業，現有的礦產資源、製造業、糧食、銀行等很多領域，都已經被外資控制。當民族工業和農業瓦解後，中國人必將像晚清一樣，成為西方傾銷剩餘產品的巨大市場。今天中國借錢給美國，美國通過貶值坑中國；當中國向美國借錢的時候，那就是高利貸。看看八國聯軍後的庚子賠款條約吧！

整個世界，其實就是一個非洲草原上的動物世界。看國際政治焦點隨著財富的轉移，其實就是食肉動物圍著食草動物遷徙。那些豹子獅子，一般都是跟著羊群、牛群走的。那是他們的食物來源。現在，最大的羊群和牛群在中國。所以，美國、歐洲、日本這些一百多年來的老列強，人類社會的食肉動物，都圍在中國的旁邊。

在社會持久動亂和日益貧困化的情勢下，已開發國家對中國將像對非洲落後民族一樣，提出淘汰人口（即滅絕種族）的要求。美國曾經有過一個對於全球的設想。他們認為，最理想的地球，人口應該只有現在的20%。所以，我在想，美國扶持並刺激一些中國周邊的國家擁有核子武器，以後會不會策劃一場針對中國、印度和亞洲其他地方的核屠殺？美國現在在亞洲和歐洲的邊緣地區部署反飛彈系統，就是害怕這些核飛彈飛到亞洲以外的區域。亞洲是世界人口最稠密的地方，也是西方文明很難徹底統治的地方。

只要中國不從屬於西方利益特別是美國利益，試圖維持本民族獨立，中國就必然長期被西方集體孤立和抑制。當年的蘇聯，今天的俄羅斯、伊朗等國面臨的困境和問題，和中國是一樣的。

　　美國對付中國的戰略，是一貫的、清晰的、不分黨派。政治的、文化的、外交的、經濟的、軍事的，時而國際時而國內，時而搞個什麼G2「中美國」概念，忽悠中國，離間中俄，時而又在兩岸和中日之間左右逢源，在中國周邊又打又拉，分化瓦解，笑裡藏刀，組合拳，連環腿，步步緊逼，近20年來可以說始終不給中國片刻喘息機會。而中國則是四面招架，防不勝防。總結一些美國對中國的做法，幾乎可以編一本《折騰中國的千百個理由和做法》。歐巴馬上台以後，很多人以為他可能比前任對中國好點，結果如何？連續兩個反傾銷，貿易保護主義先拿中國開刀。

（三）歷史的啟示

　　一百年前，英國的經濟危機，導致了第一次世界大戰。

　　整整八十年前的1929年，由於美國的經濟危機，世界和今天一樣也陷入巨大的金融恐慌，進入大蕭條期。先是兩年後日本佔領中國東三省，選擇以戰爭拯救經濟的國策；10年後的1939年，德國在歐洲發動戰爭，整個世界陷入浩劫。一場金融危機，讓人類付出這樣的代價。今天，格林斯潘（Alan Greenspan）說，我們將面臨百年一遇的大危機，遠遠超過上一次的大蕭條。誰能告訴我這次金融危機，一定不會導致戰爭？蘭德公司已經為美國公司建議說與其用7000億美元救市，不如打一仗。美國的軍工寡頭們，會忍受這樣的危機到什麼時候？上一次危機，列強國家的寡頭忍了十年，二十年，我不知道未來十年，如果美國的經濟一直不能復甦的情況下，美國的寡頭會做何選擇。

　　上次蕭條期，各國都選擇了大規模製造武器，日本大批的航空母艦就是這個時期突破華盛頓條約的限制製造出來的。美國也是這個時期大造航空母艦、長程轟炸機，最後，這些東西都用上了。這

和今天的情況一模一樣。全世界只有中國宣佈用4萬億帶動20萬億人民幣造「鐵公雞」，鐵路、公路和基礎設施。其他大國都在造軍備。日本今年下水兩條直升機航母；印度宣佈將造3艘航母，十艘核子潛艇；美國已經製造了近200架F22，還在繼續大規模研製新一代武器，2009年6月成立網路戰司令部；俄羅斯也在進行大規模的裝備生產。

中國因為沒有實現工業化，沒有親身經歷兩次經濟危機，對經濟危機會導致世界大戰沒有直接記憶，所以對眼下的金融危機可能會導致什麼後果，還不怎麼明白。

如果這次金融危機導致戰爭，我認為還是一場世界大戰。20世紀喊了多少年的第三次世界大戰，很有可能將在21世紀爆發。

中國一點都不想打仗，不想和美國搞對抗，但美國卻費盡心機，折騰中國。小布希上臺，對中國咄咄逼人；歐巴馬上台，又對中國展開不動聲色的合圍。以眼前論，美國深陷金融危機，不好好做自己的事，救自己的金融機構和實體經濟，希拉蕊和歐巴馬還到處穿梭，忙於包圍中國，還製造14噸的超級大炸彈。很多人想不明白為什麼。

除了前面說的總體戰略原因，從長期說，是防止中國利用美國陷入金融危機的時機，實現國家的大幅度發展，進入強國俱樂部。那樣，世界上不僅多了一個經濟領域的分羹者，還少了一群最廉價的打工者。西方——主要是老歐洲國家，也是出於這一動機，加入以美國為首的、對中、俄的戰略包圍圈。看看北約國家在阿富汗的積極程度，看看德國、法國在達賴問題上對中國的干涉和糾纏就知道了——削弱中國，永遠是西方的戰略目標。這些嘍囉跟著美國混，就是因為美國撲倒大獵物之後，它們可以分點殘羹剩飯。從短期說，美國現在包圍中國，就是要把資本趕到美國去。資本是什

麼？是一隻鳥。鳥的膽最小，哪裡安全去哪裡。這也是賓拉登的高明之處，把美國世貿大樓打掉了，把資本之鳥驅散了，其中很多跑到中國。現在，美國拿著「槍」來了，想把這些鳥再嚇走，再飛到美國去。嚇不走就打走。這就是美國在中國周邊製造危機，在中國國內製造動亂的全部目的。

五、中國正面臨第三次被瓜分的危機

歷史並沒有遠去。1840年，歐洲第一次對中國瓜分；1894年，中國洋務運動也就是第一次改革開放失敗，世界對中國進行第二次瓜分。

中國像一個巨大的冰塊，被西方敲掉了一大圈。

只是由於二戰的爆發，帝國主義國家間狗咬狗，中國才從日本和西方兩隻狗嘴裡死裡逃生。之後，蘇聯的崛起，把西方勢力頂住，中國加入東方陣營，才守住本土不失。

但是，現在，蘇聯倒下了，西方對中國的第三次瓜分又在醞釀了。在以往，釣魚台問題、台獨問題、南海問題和藏南問題，都是蟄伏著的。現在全都出來了。而且所有這些問題，控制權都不在中國一邊。而且所有的問題背後，都有美國。除了進一步掠奪中國的領海、領土，美國還在搞中國僅有的兩三個能夠稱得上朋友的小鄰國，還在做試圖肢解西藏、新疆的文章。

我一直有一種強烈的預感：未來的10到20年，也就是2020到2030年左右，會有一場針對中國的大屠殺、大哄搶。

這不是危言聳聽，而是有著歷史的邏輯。

讓我們想想，從16世紀到18世紀，西方以地理大發現的名義，

到處進行掠奪，南美洲的黃金、白銀，非洲的木材、黑奴。地理大發現其實就是財富大發現。到19世紀它們發現了世界上最富裕的中國。1840年的時候，中國富甲天下，到1940年的時候，一百年中被世界搶得只剩下一片焦土，成為世界最窮的國家。發生在中國這片土地上的，稱得上戰爭規模的就有近百場。這些戰爭，就是在掠奪中國的財富。他們在中國的土地上打敗中國，讓中國賠款，割地。這跟一個強盜到人家裡的行為有什麼兩樣？有錢拿錢，沒有錢拿東西、拿地，什麼都沒有就讓人家借錢給他——中國最後不是借歐洲的錢還日本嗎？最後還殺人家的男人，強暴人家的女人，燒人家的房子，圓明園遺址不就是這樣留下的嗎？

如果當初中國懂得守護自己的財富，今天中國人比美國人富裕得多。可惜歷史不能假設。

把中國掠奪完以後，自己又互相掠奪。兩次世界大戰打累了，他們要進行第二次工業革命，發現了中東的石油，於是，又到中東去掠奪。中東又打了五十多年，一直到現在。

回顧這個歷史，我們會發現什麼規律呢？那就是當一個地區成為世界戰略的焦點，也就是當你成為誰都想爭搶的食物之後，圍繞你所進行的戰爭，短則四、五十年，長則近百年。

現在，今天的中國，就和鴉片戰爭和洋務運動之後的中國一樣，你有錢了，就是長肥了，所以食肉動物都來了。

中國人一直夢想的是復興和崛起，但在美國和日本的眼裡，他們思考的是一隻肥牛已經長大，何時開刀宰殺。一百多年的洋務運動不就是如此嗎？經過三十多年「改革開放」，中國積累了很多財富，日本突然撲上來，像一隻野狼咬住牛蛋一樣，把中國放倒，然後其他猛獸一起撲上，把中國洗劫一空。現在，中國改革開放又

三十年了，又弄了不少錢，他們又眼紅了。特別是看到很多中國人沒有警惕不思進取，更覺得有機可乘。

所以，美國率領歐洲的那一群老的食肉動物，又帶了亞洲的一群小動物，在中國這隻大黃牛身邊轉來轉去，尋找下手的地方和時機——有的公然佔有中國海島，大肆攫取中國資源；有的把石頭當鑽石賣給中國，有的……舉世無不以欺壓中國為能。

我預感未來中國要麼會遇到巨大的內部動亂，或周邊此起彼伏的戰爭，要麼兩者一起來。一旦打起來，亂起來，時間就短不了。我判斷美國不會直接和中國打，因為大國之間動起來，地動山搖，而且美國從來都是讓別人打頭陣，等人家打累了，自己再上。可能先發生周邊地區的戰爭，美國干預，先消耗中國。這些戰爭除南海以外都有可能引發核戰爭。等中國打累了周邊也打累了，美國就該出來了，像兩次世界大戰一樣，當漁翁，揀走亞洲五十年發展的成果。

為什麼是2020～2030年？看看美國給自己軍隊定的轉型時間表就知道了。到2025年左右，美國現在的四大軍種，全部轉型完畢。那時，它還有兩個新軍種，一個是天軍，一個是網軍，這兩個是主力。六大軍種，採取「一小時打遍全球」理論。美國以往對小國，是斬首行動；未來對大國，是快速戰略癱瘓。

我簡單地介紹一下美國的新軍事戰略。它「一小時打遍全球」的三大武器系統，一是安裝常規彈頭的三位一體的洲際飛彈，二是空天轟炸機，三是太空武器和網路武器。之後，才是匿蹤空軍和無人攻擊機、機器人部隊等。它的防禦體系就是全球反飛彈系統。攻防兼備。為了實施這一最新理論，美國一直在進行數位地球的工作，其實就是建立地球軍事地理資訊。它的偵察衛星已經把地球掃瞄完畢，它的飛行在全球的偵察機，進一步做資訊補充。它們還通

過美國公民全球的合法旅遊，拍攝視頻、照片，充實這一資訊庫。前兩年中國在新疆和甘肅等地連續發現日本人搞測繪，其實就是在為日美提供戰略資訊。清朝時候日本就開始測量中國的地理了。現在又開始了。

為什麼是2020～2030年？還在於今天中國的發展模式，將在這個時候到達危險的臨界點。

從金岩石先生的研究中，我看到這樣一個資料：中國在2009年，超過美國成為世界第一大貨幣發行大國。我們發行的貨幣跟美國一樣多，但美國的GDP是中國的3倍多。美國的貨幣可以流出，我們的貨幣不能流出，只能是連續的通貨膨脹。他的研究成果裡，還有這樣一個結論：那就是中國並沒有成為世界工廠的條件，但卻支撐了一個世界工廠的事實。中國為外需構建的生產產能，只能靠內需消化。要內需就得城市化。他判斷未來20年，中國還有5億人進入城市，北京會達到3個億，上海會有2個億的人，上海和北京的房子，會達到30萬元一平米。金先生開玩笑說：他說在這樣一個財富迅速膨脹的年代，可以讓革命家變成投資家，讓未來的暴徒變成投資人，為容易起火的乾柴，覆蓋上一層泡沫。

我部分同意他的這個結論，因為這也許對國內的安全形勢有效。但對於外部，這樣急劇增加的財富泡沫，就像一個特別巨大的麵包，將更加吊起那些食肉動物的胃口。而且，這樣的一個城市化規模，中國會需要多少汽車？多少汽油天然氣？多少鐵礦石？我們對海洋和能源的依賴將比現在嚴重幾十倍。危險係數也一舉增加了幾十倍。

我們用票子吹起了一個氣球。但是，氣球是會爆炸的，看看日本就知道，泡沫終將破滅。但是，日本是個高技術大國，又有美國的保護，它經濟泡沫破滅了，只不過從頭再來。中國呢？泡沫破

滅之日，一定是戰爭來臨之時。這一場戰爭，如果被我不幸言中，結局比一百年前還嚴重，我認為中國將被瓜分。美國、日本包括李登輝，早就有「中國七塊論」。我們不能只是當笑話聽。2030年，當我們的泡泡吹到最大的時候，也正好是美國和其他列強新型軍隊打造完畢，戰刀出鞘的時候。回顧歷史可以看出，每一次世界新軍事革命完成之後，接下來都是世界政治格局的重新洗牌，掌握軍事優勢的一方，對軍事劣勢的一方進行血腥的屠殺，以奪取財富。我不知道，2030年的時候，我們能不能在軍事變革方面追上世界。因為，沒有工業基礎、技術基礎、經濟基礎，拿什麼追呢？戰爭打的就是工業，就是技術啊！我們的是大泡，人家的是大炮！到2030年，人家是新型武器武裝的新型軍隊，我們是新房子、新城市，正好作為新屠場，新墳墓！

　　我們現在全民大念和平經，但是別人在做什麼呢？20世紀80年代，美國在中國內陸幾個省搞血樣採集，名為科學實驗，幾十萬人參加，我們有關部門還予以大力協助，一人給一包速食麵。結果，2003年中國發生了「非典」，後來賴在果子狸頭上。我們不要忘了，日本731部隊全部的資料最後都給了美國。現在，基因武器已經問世。這種武器比核子武器的威力大得多。有的國家已經研製出來了。這是真正的種族滅絕武器。美國還在研發影響氣候的地球物理武器。2003年俄羅斯的首席軍事理論家就發出了這樣的警告。2008年中國發生了前所未有的大雪災。這些東西，都是隱藏很深的國家絕密。也許要很多年才會真相大白。但我們不能到那個時候才知道，我們應該聰明一點。

　　我說過，美國拚命地搞中國，並不是因為美國天然和中國有仇，而是美國的戰略目標的需要。它要統治世界，中國是它的障礙，所以，它必須遏制你，折騰你，搞垮你。列寧（Vladimir Ilyich

Lenin）說，帝國主義就意味著戰爭。只要美國不改變全球帝國戰略，中國面臨的威脅就是永存的。但是，在今天，戰爭絕不是傳統意義上的概念，不再是兩軍對壘，刀光劍影。如果不得不兵戎相見，也只是斬首行動和戰略癱瘓。從軍事戰略的目的上說，美國全面包圍中國，並不是想直接進攻中國，而是想誘使中國把國防經費用在毫無用處的防衛本土方面，以免挑戰美國賴以維持世界霸權的海空優勢。

美國不怕中國全民皆兵地保衛國土，因為它根本就不打算佔領中國。未來戰爭的樣式，也完全不同於我們關於戰爭的基本設想。1995年，五角大廈推演中國和日本在2007年發生戰爭：「一支大型的日本艦隊向南中國海的深海駛去。午夜時分，艦隊指揮啟動邏輯炸彈，有超強感染能力的電腦病毒迅速將臺灣的鐵路系統、空中管制系統、海上交通導航系統等切斷、鎖死。與此同時，日本匿蹤戰鬥機分別到達大陸和臺灣上空，投下電磁炸彈。強烈的電磁波雖然不殺人，但卻把電腦系統的電子元件全部摧毀。火車不能行進，飛機不能起飛，空軍陷入癱瘓，龐大的地面軍隊也不能有效地調動，戰略威懾失效，國家社會結構陷入混亂。然後，日軍強大的空中攻勢開始了：戰鬥轟炸機撲向北京、上海、臺北，巡弋飛彈如暴雨般飛來……」這是美國前國防部長溫伯格（Caspar Weinberger）透露的。十年以後的戰爭，比這個樣式還要可怕。

我們現在不用帝國主義形容美國了。我在這裡揭破美國的世界戰略目標和針對中國的戰略圖謀，也不是說中美關係已經進入或者應當進入對抗狀態。2009年7月底雙方最大陣容的代表團在白宮笑逐顏開的場面，就已經證明。我只是點明當今國際政治的一個真相。這是今後很多年中國的戰略命題。中國的學者和民眾必須知道，中國與美國的關係，絕不僅僅是雙邊關係，而是具有世界歷史意義。

六、未來十年慘不忍睹：中國尚未意識到危機的逼近

很多人都是死到臨頭才看清事實真相。整個晚清，清醒的只有曾國藩的幕僚趙烈文一人。他1867年預言國家將亡的時候連曾國藩都不相信。因為這個時候，洋務運動剛剛開始，一切都呈現出欣欣向榮的景象。但趙烈文從當時官府明火執仗、社會兩極分化、百姓窮困潦倒、朝中大臣無能的情況，當然還有外敵虎視眈眈的外部背景，推斷清朝將在50年內滅亡。結果44年清朝就瓦解了。

明年是辛亥革命100週年。直到1911年，清朝也不相信王朝會很快垮掉，但僅僅因為一個士兵走火，革命就爆發了。秦始皇當年何等英雄？幾個新兵一揮手就把秦朝推翻了，當時沒有一個人料到這麼強大的帝國，會突然完蛋。蘇聯解體前，也沒有幾個人預見到。所以，現在我在這裡杞人憂天，也不會有多少人相信。

中國之所以沒有特別強的危機感，一是我們到處喊和諧、和平，這本來是說給世界聽的，卻把自己的人們麻醉了。大家誰也不願意想戰爭了。前不久在《環球時報》的那個關於未來十年發展的研討會上，除了我跟王小東，誰都不提戰爭。復旦大學的沈丁力先生還從很高深的角度，論述了中國未來不會有戰爭。《環球時報》和稀泥，把我關於中國已被包圍的文章跟他的放一起發，交給中國人民自己去判斷。

第二，就是因為還有個同病相憐的俄羅斯。美國在搞中國的同時，也在肢解著俄羅斯。美國要想控制世界，必須搞掉中、俄，控制歐亞大陸。中俄無論誰先倒，另一個都會唇亡齒寒。美國經常搞兵棋推演，二戰結束以來，美國制定了一千多份戰爭計劃。現在，我們也來推演一下美國的大戰略目標實現的情況：

如果中國先被肢解，分裂成七八個小國，將會和日本、印度、韓國一樣，成為美國的盟國。俄羅斯也會趁機奪取，像它在近代史上一樣。這樣，為了爭奪中國，美俄雙方將大戰。美國將會組織一支亞洲聯軍，配合北約，東西夾擊俄羅斯。俄羅斯會孤注一擲，中國也可能成為俄羅斯核子武器襲擊的地方，人口大量消滅，但俄羅斯也會同歸於盡。美國又是一舉兩得，一箭雙鵰。享受中國的廉價商品，騙取中國的鉅額外匯，美國還是不滿意的，因為對於美國來說，其最大利益是肢解中國，然後讓分裂了的中國徹底倒向美國，佔有中國的人力資源，平時成為為美國和西方世界打工的奴隸，戰時作為盟軍士兵，成為美國稱霸世界的炮灰。

如果俄羅斯先被解體，分裂的俄羅斯小國，也會和獨聯體那些國家一樣，一個個加入北約，然後，從東西兩邊掐斷對中國的石油和天然氣供應。由於之前中國的海路已全面失守，海上貿易和能源通道控制在美國及印度和日本盟國手上，此時中國只能束手就擒，接受為西方打工的地位。這很類似忽必烈征服中原之後，不殺漢人，而讓漢人為他們交賦稅養活他們的做法一樣，也就是門蒂斯先生的G2安排。

美國已經從肢解蘇聯中得到巨大的好處，那些分裂了的小蘇聯，幾乎都倒向美國，為美國提供政治支援和資源，以及安全縱深和盟軍。蘇聯不解體，是一塊壓向美國的大石頭；蘇聯解體，是美國砸向俄羅斯和未來中國的一堆石塊。

同樣的道理，中國不解體，對美國構成戰略壓力；中國解體了，就是威脅日本、印度、俄羅斯的一堆石塊。可以這麼說，中國、俄羅斯解體了，美國的全球帝國地位就奠定了。因為歐洲已成破碎地帶，印度本來就破碎，日本被騎在身下，美國還有什麼敵人呢？至於伊斯蘭世界的恐怖襲擊，只是全球帝國的治安事

件。只有從美國最深的戰略動機出發，才能看透美國對華戰略，看透美國對華全面戰略包圍，同時又組織針對中國的第五縱隊的目的。

可以看到，台獨力量、香港民主派、法輪功、民運分子、達賴集團、熱比婭集團，總後台無一不是美國，無一不是接受美國的政治、軍事、輿論和經濟支援。而美國支援這些中國分裂力量的目的，也只有一個，那就是讓臺灣和香港，不要融入大陸的統一發展進程，讓大陸繼續分裂，由外向內，最後解體。

根據俄羅斯的情況看，我判斷，中國可能先於俄羅斯解體，而俄羅斯有可能在這個過程中崛起。中國的命運，既可以用孫子兵法的「廟算」推出來，也可以用現在最先進的電腦類比技術推出來。可笑那些小官僚們還在算計著自己的烏紗帽和銀兩，口中唸唸有詞什麼崛起什麼復興。有這樣一個短信，可做世相素描：哄領導開心就做做假，哄群眾開心就做做秀，哄情人開心就做做A，哄自己開心就做做夢。

中華民族真的又到了最危險的時候。

黑格爾（Georg Wilhelm Friedrich Hegel）說：一個民族有一些仰望星空的人，他們才有希望。中國有幾個這樣的人？仰望星空的人，寥若晨星！中國太多的人，都在夢中。各有各的夢。

當年曾國藩聽了趙烈文的分析，嘆了一口氣，說「我日夜望早死」，他這麼大的官，都覺得無力回天，又不願意看到國家「抽心一爛」、「土崩瓦解」的局面。我現在的心情也差不多。

美國已經對中國的經濟改革成果進行了瘋狂的侵吞，到中國軍隊失去改革機會，永遠地落在世界後面的時候，以一場簡單的戰爭，就可以對中國進行真正的肢解和瓜分。比如說直接出兵臺灣，

直接出兵西南、西北，把現在的疆獨、藏獨領袖接回來，以「人權高於主權」的名義，像俄羅斯肢解格魯吉亞一樣。有沒有這個可能？我個人認為有。為什麼？我們可以看看中國的地圖。我們一直認為是雄雞形的。那就按雄雞形理解。在中蘇對峙的時候，我們是把東北部看做中國頭部的，把西部看著中國的尾部。但是，現在，我覺得應該反過來看，西藏是我們的頭部，新疆是我們的咽喉，東南沿海是我們的心腹，南海是我們的爪子。本來琉球還有一隻爪子，清朝的時候，被日本砍掉了，現在也沒有收回來。西藏為什麼是我們的頭部？因為我們的太空基地和很多戰略設施都在這裡。未來軍事競爭、技術競爭，就是玩太空。沒有太空工業，就沒有國家的未來。

新疆呢，是中國從中亞到內地的石油和天然氣通道。美國為什麼支援達賴和熱比婭？就是放長線釣大魚，有朝一日，用這兩把刀，斬首中國，當然，握這兩把刀的手，還是美國的手。美國不是想不想的問題，是時機成熟不成熟的問題。

外部的情況，危如累卵。其實最大的危險還不僅僅在於外部。

馬克斯・韋伯批評當年針對德國統一後盛行於德國的「政治市儈主義」和瀰漫在國民中的「軟乎乎的幸福主義」。我們今天中國有沒有這兩種主義？我總是覺得今天的中國和拿破崙死後的法國一樣，當時的法國，民族沒有了靈魂，國家沒有了方向，軍隊不會打仗，也不敢打仗了。先是一連串的失敗，到二戰時乾脆全軍繳槍了。今天中國呢，也差不多是這個狀況。

中國「胖乎乎的國民」被小財富腐蝕了靈魂，變得貪圖享受，意志萎靡，懦弱不堪，全國到處燈紅酒綠，紙醉金迷，洗浴中心之多，縱慾之風之盛，超過羅馬帝國晚期。精英階層厭戰、怯戰情緒濃烈。黨政軍辦公大院，哪個不被高級飯店包圍？一些貧困縣也大

蓋樓堂館所，這是什麼？是中國的腫瘤！為什麼不用這些錢投入高科技？七品官上路都開豐田霸道，小鄉長也車接車送，一年中國光是吃喝和公車費用就是幾千個億，相當於一百多艘大型航空母艦。

學界掩耳盜鈴，官場追名逐利。南宋時有人問岳飛，天下怎麼才能太平？岳飛說：文官不愛錢，武官不惜死，天下太平矣！看看今天的省部級的文官貪官有多少？武官呢，原海軍副司令王守業，貪污過億，情婦一大群。窺斑見豹。

19世紀初，美國剛剛崛起。他們的民族精神是什麼樣子的呢？我們看看他的總統的一個演講就知道，他說：「如果我們要成為真正偉大的民族，我們必須竭儘全力在國際事務中起巨大的作用……懦夫，懶漢，對政府持懷疑態度的人，喪失了鬥爭精神和支配能力的文質彬彬的人，愚昧無知的人，還有那些無法感受到堅定不移的人們所受到的巨大鼓舞的麻木不仁的人——所有這些人當然害怕看到他們的國家承擔了新的職責，害怕看到我們建立能滿足我國需要的海軍和陸軍，害怕看到我們承擔國際義務，害怕看到我們勇敢的士兵和水手們把西班牙的軍隊趕出去，讓偉大美麗的熱帶島嶼從大亂中達到大治……如果我們不參與這種必須以生命和珍愛的一切去獲取勝利的激烈競爭，那麼比我們野蠻強大的民族將甩開我們，控制整個世界。因此，讓我們勇敢地面臨生活的挑戰，決心以男子漢大丈夫的氣概去完成我們的職責，用我們的誓言和行動來維護正義……只有通過艱苦危險的鬥爭，我們才能取得我們民族進步的目的。」

在這段話之前，他拿同時代的中國做對比：「我們決不能扮演中國的角色，要是我們重蹈中國的覆轍，自滿自足，貪圖自己疆域內的安寧享樂，漸漸地腐敗墮落，對國外的事情毫無興趣，沉溺於紙醉金迷之中，忘掉了奮發向上、苦幹冒險的高尚生活，整天忙於

滿足我們肉體暫時的慾望，那麼，毫無疑問，總有一天我們會突然
發現中國今天已經發生的這一事實：畏懼戰爭、閉關鎖國、貪圖安
寧享樂的民族在其他好戰、愛冒險的民族的進攻面前是肯定要衰敗
的……」今天的中國人，比那個時候的中國人，好到什麼地方了？
有一種車，2500萬美元，全世界只有5輛，3輛在中國！可是，這麼
富有的國家，面對周邊所有的挑釁，沒有一次有反應的，美其名曰
「韜光養晦」，魯迅時期，阿Q只一個，現在到處都是！現在很多
中國人不僅不敢迎接戰爭，連談論都不敢談。一些國家屠殺華僑，
不敢動用軍隊。當年祖國遭入侵，多少華僑救祖國？死了五六十
萬！現在華僑遭難，祖國不敢去救！千古羞恥！連去年某太平洋島
國接僑民，國外預測中國可能出軍艦，我們的學者一連幾聲反對，
認為不可行，不可能，嚇得尿褲子。

　　當年八國聯軍入侵北京的時候，他們一邊燒圓明園，一邊想：
萬一有一天中國起來了，他們的青年，拿著跟歐洲一樣的武器，到
歐洲復仇怎麼辦？所以，當一個中國古董商給他們出主意挖清朝皇
帝陵墓的時候，他們拒絕了。但是，一百多年過去了，那一幕永遠
也不可能發生了。中國人有那個志向嗎？所以，有時候我一聽到有
些中國學者說，中國不能去救自己的華僑，不能去收回自己的領
土、領海，怕人家說中國威脅論，就非常噁心：威脅世界？你配
嗎？你有那個能力，有那個雄心嗎？你以為你是漢武大帝的後裔還
是成吉思汗的後裔？自作多情！

　　2009年9月15日，一個叫馬克斯‧麥克亞當（Max McAdam）的
英國人在《環球時報》發表文章說，「中國人是世界睡覺冠軍」。
說的是他在中國各個場合的見聞。這真是個敏感的人。

　　一個一個愛睡覺的中國人，構成了愛睡覺的中華民族。一個愛
睡覺的民族，又演繹了一部愛睡覺的歷史。1840年悲劇為什麼會降

臨到中國頭上？那是因為之前中國已經在睡夢中失去了資本主義革命時代；為什麼後來又是長達一百年的悲劇？是因為中國人始終睡眼矇矓，直到盧溝橋拂曉的槍聲響起。

拿破崙當初認為中國是一頭睡獅，我要說，拿破崙錯了！他離中國太遠了，沒有看清楚。那不是一隻睡獅，而是一頭睡牛。當然，在新中國的歷史上，也有過毛澤東時代，那是個英雄主義的時代。那個時代的中國，雖然也是牛，但是是公牛，奮起牛角，還是讓周邊的猛獸不敢近前。但今天，我悲哀地感到，公牛已經死了。到處都是慈眉善目、安詳而臥的母牛和小牛。西方富裕了500年，美國也富裕了一百多年，依然精神抖擻。中國才改革開放30年，剛有一點小錢，就又貪圖安逸地瞇起了眼睛。

前面說GDP「狗的屁」的時候，說了中國的工業結構，這是中國另一個致命的身體上的死穴。二戰前，史達林（Joseph Stalin）說：中國沒有軍事工業，現在只要誰高興，誰就可以蹂躪它。從晚清到民國，中國一直就像一個富裕、漂亮、柔弱的寡婦一樣，誰都可以掠奪她，欺辱她。今天，中國還是沒有像樣的現代工業，沒有在高技術領域佔有一席之地。航太工業最突出，也不過相當於美俄50年前的水平。航空工業不說了。幾種主戰飛機的發動機都是外國的。沒有自己的大飛機。航空母艦就更不用說了，到我們造出來的時候，也不過是追上西方100年前的水平。美國的航太母艦現在已經在試飛了。

我們現在幾乎所有的「核心產業」都是「空心」產業。我們現在的經濟結構，這些構成GDP的財富，都沒有保衛自己本身的功能，到最後都是人家的。甲午戰爭中國戰敗，一下子賠了7倍於日本財政收入的錢。日本現代化的基礎就是那筆錢奠定的。

美國就不一樣，它的所有構成GDP的東西，不僅本身就是財

富，還能保衛自己的財富，還可以掠奪更多的財富，比如它的太空產業，它的資訊產業，它的航空產業，它的造船、它的化工等等。它們的GDP，就像一輛坦克，可以開到世界上，想怎麼樣就怎麼樣；我們中國的GDP呢，就像一台拖拉機，只能在自己的田野上收割自己的莊稼。國家的戰爭，就是GDP的對撞。我們的拖拉機，能撞得過人家的坦克嗎？

來上海的路上，我一直在看抗日戰爭史。就在上海這個地方，淞滬抗戰，上海人打得很英勇，一點也沒有娘娘腔。但是，蔣介石的70萬部隊，其中還有三個德式裝備的師，最後被日本20多萬部隊打得落花流水。為什麼？裝備是很大的原因。整個抗日戰爭，日本投入的軍隊也就六十多萬，中國人死傷了多少？3500萬！因為沒有鋼鐵構築長城，只能以血肉築成我們的長城。日本說要準備和中國打百年戰爭，我看不是沒有可能。當年法國和英國就打了百年戰爭，因為雙方實力相當。中國有人有地盤，日本有工業有精神。這樣的教訓還不夠嗎？為什麼我們現在還不吸取教訓呢？我都不敢想像，如果中國和日本的人口和國土條件換一換，會是什麼結果？為什麼我們就不如日本？

別的大國都有歷史感，都知道1929年的美國經濟危機在十年後引發了第二次世界大戰，都在今天拚命發展高科技、製造業和軍事裝備，為什麼我們就沒有歷史感呢？我真是百思不得其解。

政治家領導我們摸著石頭過河，經濟學家卻讓我們摸到了一大堆磚頭。怪不得中央電視臺有個觀察員劉戈說，中國經濟學家獲得諾貝爾經濟學獎，雖然沒有永遠那麼遠，十萬八千里是有的。我完全同意。

像上海和北京這樣，具有雄厚技術和工業實力的城市，也去發展房地產業，真是莫名其妙。我們沒有造成一種讓高科技產

業充滿暴利的體制，房地產是支撐不了大國崛起的。大家去圓明園看看就知道了，那是世界最好的房地產。靠掠奪自己的弱勢群體，不可能實現國家的復興。從古至今，大國崛起，都是依靠外部資源，或者靠武力掠奪，或者靠技術合法賺取，以富裕自己的人民，然後富國強兵。美國全世界打來打去，為什麼？就是奪資源，供它的人們享用；俄羅斯宣佈北極主權，為什麼？它已經有那麼多資源，還拚命奪。就是為子孫奪。我們沒有力量去世界奪，但我們要收回屬於我們自己的地方。我們不能讓和平的誠意和主張，變成別人束縛我們的繩索。我們要像正常國家一樣行事。我一直主張，我們的軍隊，應該進行遠征型改造，要能夠保衛我們的資源和遠洋利益。

我們要敢於迎接合理合法的戰爭，改善安全態勢，刺激經濟，振奮國民精神。新中國的穩定局面，和經濟發展良好的時期，都是幾場自衛反擊作戰的結果。狼是打走的，不是勸走的。

中國需要戰略家，更需要堅定、勇敢和充滿憂患意識的人民。世界上沒有打不敗的敵人，中國的面前也沒有邁不過去的難關。最大的危險是看不到危險。我們的很多學者和官員，只看到鮮花美酒，GDP，眼睛盯著權位和女人，像一隻短視的食草動物。

別睡了，朋友們！我們不能低級到只貪圖安逸和肉體享受。我們不能為了錢失去所有的東西，我們不能窮得只剩下錢！

我們必須知道，舊中國在世界面前低了一百多年的頭；新中國之所以昂著頭，是因為黃繼光們堵在我們的前頭！我們應該擁有高尚的目標和擁有一往無前的勇敢精神，敢於面對一切困難和挑戰，敢於打破圍堵，迎接勝利，為萬世開太平，為子孫創造一個強漢盛唐式的新中國！

　　希望在我們的身上，我們不能把屬於我們的責任，交給下一代人！

　　當年抗日戰爭的時候，中國人有一句話響徹雲霄：中國不亡，有我！

　　今天我們更要喊響一句話：中國強大，有我！

第二章

窺破玄機

金融危機背後的戰略玄機

美國人製造了無數的「中國陰謀論」，現在，終於有一個很有份量的中國人、中國軍人，以他縝密的推理和縱橫捭闔的論證，揭破美國的「陰謀」了。

美國固然是當今最好戰的國家，但戰不一定就是動槍動炮，美國既有著拳王般的蠻勇，也有著商人般的精明。

此文專論美國對華暗算，對當初東南亞金融危機尚存記憶的人們，可以對照觀察、思考當今美國金融危機。

此文發於《新民週刊》，是否同意本文觀點不重要，重要的是要努力瞭解表像後面的真相。

美國7000億美元救市的強心針打下去了，歐洲數萬億美元的強心針跟著打下去了，中國也以大幅度降息給予了積極配合。但是，美國——世界金融危機並沒有呈現出被遏止的跡象。於是，美國總統會見完西方七國財長之後，又開始籌備國際金融會議，邀請了中、俄等國。誰也不知道金融危機下一步還將怎樣擴散蔓延，各國都在關注世界經濟危機會不會被引爆，以及怎樣才能避免本國金融體系和經濟少受影響，還有的甚至翻起了馬克思（Karl Marx）的《資本論》。在一邊被要求承擔國際責任，一邊又必須顧及國本而

自保的忙亂中，一些本應該引起深刻思考和分析的問題被我們忽略了：那就是這場金融危機背後到底有沒有什麼玄機？

一、受害者都是誰？

正常而言，誰發生危機誰受損是天經地義的，就像誰得病誰痛苦一樣。1998年東南亞金融危機受害者不就是東南亞國家嗎？雖然也有小範圍的波及，主要還是危機發生國自身。而此次美國金融危機，除了一些關於美國人亂花錢的國際批評之外，美國人似乎並沒有過激反應。美國摔倒了，自己卻不感到疼，這是為什麼？法新社說中國在這次危機中表現出「帝國般的鎮定」，其實美國才稱得上這樣的評價。那麼在這場金融危機中真正感到疼的都是誰？

第一是中國和日本。美國金融危機爆發後，中國首先表態已經做好準備參與救市，後來發現此黑洞深不見底，才臨時猶豫徘徊於懸崖邊上；而日本雖沒有如此高調，卻悄悄地進行了大規模「抄底」。西方輿論槍口一致把救市的呼聲直接對準中國，並爆出中國已經持有美國過萬億美元債券的消息，威脅加利誘。中國和日本是美國兩個最大的債權國，在此次金融危機中面臨的危險也最大：如果不救美國的金融市場，可能導致已有的債券變爛賬，徹底損失；如果去救，則新的資金可能又被死死套住，未來損失更多。兩害相權，一個是眼前斷腿，一個是未來癱瘓，實難取捨。但日本經濟實力比中國強得多，因此雖然同遭困境，疼痛感也要輕得多。

第二是中東產油國和俄羅斯、伊朗、委內瑞拉。這些國家或是美國的夙敵，或是美國的新仇。當年中東產油國曾經對美國石油禁運，導致美國經濟危機；後三個國家，現在正在全球與美國短兵相接，而其共同的資本，都是前一階段高到140多美元天價的石油。現

在金融危機一來，短短幾天之內，國際原油價格落到70美元以下。顯然，這些擁有黑色金子國家的錢袋將空蕩不少。特別對於正在全球準備和美國大打出手的俄羅斯，能源收入的驟減，將大大削弱其復興的速度。

第三是歐洲。美元掉進深坑，歐元也被拉進來墊背。美國在金融危機發生後沒有立即「騙」到中國的錢，接著就一把拉住歐洲。此次金融危機肇始於美國雷曼兄弟（Lehman Brothers）倒閉，而這個華爾街（Wall Street）老牌銀行的規模並不大，美聯儲最多拿出百億美元左右就可以救下。但在次貸危機很長的時間內美國並沒有果斷出手，而是聽任其他更多的銀行因受池魚之殃而相繼倒閉，接著美國國會通過7000億美元的銀行業救助法案，迫使全球央行全部緊急降息，以放大金融恐慌。這個舉動看似合理正當，但卻引發全球商業票據市場崩潰，而歐洲商業銀行融資的大部分正是來自商業票據市場！於是，世界就看到美國金融危機的禍水，如懸湖決堤般沖毀當初發誓決不為美國救市的德國、法國、英國等國的商業銀行、房貸機構和保險業。連荷蘭、冰島這樣如田園牧歌般寧靜的國家也被沖蕩得一片狼藉。就在不久前，雷曼還向歐洲央行拆借了80億歐元，而雷曼英國分部則在倒閉前一天還向美國總部匯入了40億美元。難怪法國財長憤怒地說「讓雷曼倒閉是有預謀的」。由於被「裸泳者」死死地拉住，雖然德國財長說「美國將會失去全球金融體系中的超級大國地位」，但歐元並沒有得到取代美元的天賜良機。

美國憑著金融領域超級大國的霸權騎在中國、日本和歐洲以及俄羅斯的身上，表面上此次危機摔倒的是「騎手」，實際上受傷最重的卻是「坐騎」。美國大喊大叫是因為它有話語權，而坐騎不喊不叫是因為它有疼說不出。今天美國國家的總債務是50萬億美元。它借到的、消費掉的是真金白銀，而別人手上拿著的只是以美國金

融信譽做擔保的一把白條子。現在美國不要這個金融信譽了，那些白條因此也在真金白銀和廢紙間來回變幻。說這是美國對全世界發動的金融戰爭，可能會被一些人扣上冷戰思維的帽子，但說現在的情形是美國在高明地搶錢或賴賬，不過分吧？

二、除了精心設計，還有什麼更好的解釋？

世界每一次金融動盪看起來是當事國自己造成的，其實背後都有世界金融資本巨頭那只看不見的手在操縱，說好聽點是全球利益重新分配，說白一點就是「合法」的掠奪。東南亞金融危機，索羅斯「代表美國」席捲亞洲小龍幾十年的財富不是最好的例子嗎？只不過美國的政治和金融玩家技巧高超，在自己遭受金融危機的時候，不僅自己的財富別人捲不走，還能把那些想趁火打劫的人裝進口袋。這真是世界謀略史上的一大奇觀：美國求著別的國家來「打劫」，而別人還如臨深淵不敢舉步。我是不敢小看這個「奇觀」的，要知道這是曾經設計把蘇聯玩死的美國的最新發明；我也不相信它會滿足於只在純金融領域賭場玩空人家的錢袋，近代以來，白宮的智囊都是世界級深謀遠慮的戰略家。

美國現在是唯一超級大國，其唯一的戰略目標就是建立無冕的世界帝國，作為必然的戰術選擇，就是要在世界範圍內壓製出現能夠挑戰其權威的國家和地區，恰如封建時代帝王對藩王的控制和警覺。至於手段則從戰爭、顏色革命到經濟陰謀無所不用其極。合併觀察可以看出，美國在金融危機中一網打盡的那些國家和地區，都是美國刻意在經濟、軍事方面予以限制的首要物件。這些國家和地區，綜合實力無一能和美國相提並論，但各自擁有對美國的局部優勢，或經濟或資源或軍事或發展速度。早就有人指出，伊拉克戰爭

和阿富汗戰爭是美國銀行最大的爛賬。美國僅為伊拉克戰爭付出的隱性成本就有3萬億。毋寧說，此次金融危機，就是連續的戰爭和當前的持久戰，把美國累出的「心臟病」。在美國筋疲力儘的時候，它的對手們就顯得精神抖擻了。石油價格的瘋長，已經鼓舞了富油國的伊朗和委內瑞拉，壯大了俄羅斯，使其在格魯吉亞衝突中表現兇猛。加之中國借助奧運會，準備開始新一輪經濟騰飛，這都是美國建立世界帝國的巨大危機。美國當然不會讓這些國家趁自己之危「沉舟側畔千帆過」，於是，自己的發動機壞了，也要把別人汽車的輪胎扎破，自己在跑道上摔倒，也要把別人絆倒。否則，美國陷在兩大戰爭泥沼裡曠日持久，失血過多，如何避免多極化的快速到來？在經濟領域最核心又是自己最擅長的金融領域，一箭多雕地削弱潛在對手，因此就成了美國戰略家們考慮的大問題。就像蘇聯突然解體之後，美國以打壓石油價格和推動軍備競賽拖垮蘇聯的大戰略才為人們所知道一樣，金融危機背後的真正玄機，目前是美國最高機密，要想大白於天下也需要幾十年。

但我們不能等到幾十年後才恍然大悟。我們應該思考一下：此次金融危機本是由美國的住房消費者支付不起本國銀行的貸款引起，按說，受害者應該是美國金融機構和美國財政，但最後受到打擊的竟然是美國在全世界的「敵人」和對手，而受害者還必須去救加害者。誰都知道之所以出現金融危機，是因為貨幣的流動出現斷裂。從十年前東南亞金融危機看，危機的直接後果就是導致貨幣貶值，接著會出現支撐貨幣體系的硬通貨的升值保值。但此次美國金融危機，卻帶著讓世界看不懂的「美國特色」：石油、黃金、等商品期貨同時暴跌，而美國開動印鈔機大量注資那些搖搖欲墜的銀行，迅速稀釋美元的實際價值，按理說應該導致美元大幅度貶值。但非常奇怪的是，金融危機爆發之前美元還在不斷貶值，危機以來，美元反而表現出強勢特徵。這種反世界金融規律的現象，如果

不是為了吸引別國「抄底」的誘餌，又是什麼（因為如果美元大幅度貶值，別國將不會繼續持有和增加美元，那美國還怎麼騙錢呢）？通過大量印刷美元「紙」，一方面以最簡單的辦法拯救本國金融企業免受別國的控制（別人投了錢也不能控制美國金融結構），同時又成倍地減少債權國擁有美元的實際價值，同時還把世界資金吸引到美國。美國是不是預有圖謀或是急中生智利用金融危機洗劫全球的財富，固然還可以做更深入的論證，但目前這種只有美國金融危機才會發生的離奇情節是不是太有點「好萊塢」了？這一切除了精心設計，還會有什麼更好的解釋呢？

三、下一步會如何？

這種既反常又真實的現象，應該引起我們高度的警覺。

現在對這輪金融危機，在國內還只是局限於經濟學家的圈子裡討論。而中國經濟學家的一個普遍性的致命缺陷是，只具備專業知識，而沒有戰略思維，只有經濟領域的局部眼光，沒有國家安全與發展的整體觀察。這是因為中國沒有經歷過完整的資本主義階段，自己的經濟學家都是學著馬克思政治經濟學成長起來的，對資本主義那一套的遊戲規則沒有應用環境和實踐基礎，因此也沒有成熟的經驗。他們不僅寫不出《貨幣戰爭》和《金融戰爭》這樣的書，甚至也沒有這樣的基本認識。不然，中國就不會把過萬億的外匯，都買成美國的各類國債，而做出這些決定卻沒有通過中國的最高權力機關。中國的外匯應該服務於誰？應該怎麼用？中國的現代化建設最缺什麼？為什麼17000億美元熱錢（其中5000億是我們應付的利息），讓中國人寢食難安，而我們的18000億美元，卻被人家套住，通過貶值和危機蠶食鯨吞？美國和西方為什麼不購買我們的國債，

只購買我們的實體經濟，而對我們正好反過來？這些問題不思考清楚，是不會在目前如何應對美國金融危機的討論和此次慘重的損失中學到真經的，那以後還會不停地受傷。在華爾街這樣資本主義遊戲的深海裡，看上去很富態其實既沒有制訂規則的資格，也沒有機智深邃大謀略的中國金融機構其實只是一條小金魚，和美國的金融大鱷們在一起嬉水，還是小心為妙。

美國金融危機是一部最新的反面教科書。很多人根據馬克思的《資本論》，在預測此次危機、蕭條、復甦、高漲的進程時間，我卻在思考美國人還會把目前充滿戰略玄機的金融危機玩出什麼花樣。美元一直在貶值，為了誘使別人抄底，現在暫時穩定並升值，但接著會不會再來一次更大規模的貶值？畢竟我們手上握著的主要是美元紙幣。當我們的外匯債券大幅度縮水時，國際資本會不會又一次瘋狂拉高石油、黃金和其他價格？那我們又要多付出多少成本？一邊把我們手的錢變成廢紙，一邊又把它們手中的石頭變成鑽石，一拉一緊，中國的經濟就斷氣了。我們沿海已經有7萬家外向性企業破產，其中包括中國最大的玩具製造廠。接著還不會有更多其他的企業破產？美國已經用金融危機的禍水衝垮了歐洲的金融體系，這種極有可能被美國戰略家們操縱的金融資本遊戲，會不會在中國製造出製造業雪崩？那時，中國的企業資產和技術人才將比貶值的美元更廉價。今天，大家看到的是華爾街金融海灘上的「裸泳者」和來不及逃生的「死魚」，那時，遍地的製造業的死魚會遍佈中國經濟的海灘。而一直盤旋在中國經濟天空的外國金融資本的禿鷲，會凌空撲下。商務部郭京毅間諜案的出現，說明在外資收購中國企業方面已經被美國和西方預置了「木馬」。美國在世界上的潛在對手有許多，但在經濟領域最關照的卻是中國。裡應外合，不戰而屈人之國的大戲，20世紀蘇聯無聲倒下的悲劇，會不會在21世紀易地重演？但願我是杞人憂天。

　　自二戰以後原子彈問世，大國爭衡的主要舞臺就不再是血腥硝煙的戰場，而轉向以經濟領域為主的戰略制高點。上兵伐謀，比內功使軟刀子，用頭腦不用爪牙較量，成為主要特點。蘇聯在冷戰中倒下，不是這種軟戰爭的結束，而恰恰是一個開始。「我不憚以最壞的惡意」揣度美國，並不是出於民族或意識形態的成見，而是基於美國的國家利益反向推導的結果。美國不是惡魔，但為了它的霸權目標，為了它的世界範圍的國家利益，它必然要損害別國。俄羅斯在成立之初和美國、西方之間，幾乎是蜜月關係，今天如何？它能付出的都付出了，但換來的卻是北約東擴和全球被封堵。中國一些智囊、學者和機構，只是高喊與國際接軌，向西方（主要是美國）學習，卻丟掉了基本的戰略警惕，中國的一些主要銀行，竟然大部分都是請的華爾街的顧問。當年俄羅斯也請美國人做顧問，結果一個休克療法，差點要了俄羅斯的命。美國對中國是什麼心思，司馬昭之心路人皆知。軍人固然擔當著國防的使命，殊不知，在核子武器、網路和太空時代，大國之間發生大規模軍事對決的可能性是很小的，就是偶爾發生的局部戰爭也不足以動搖國本；倒是經濟海域的無聲拚殺是經常的、大量的和致命的。中國的經濟學家有必要於專業之外，進進國防大學，讀讀孫子兵法。

四、中國應該怎麼辦？

　　早在上世紀之初，法國內閣總理克里蒙梭（Georges Clemenceau）就說過，「戰爭太重要了，以至於不能交給將軍們去幹」。在全球化經濟時代，用錢如用兵，同樣的道理，如何制訂金融政策使用外匯，是國家戰略問題，也不能僅僅由經濟部門更不能由銀行金融部門擅自決定。如何應對國際金融危機？我認為，從眼前看，應從國家戰略高度，思考如何提升中國在西方金融體系中的

地位，從長遠看則應該考慮讓鉅額的外匯從美國市場上大部分脫套，同時建立起以礦產資源和土地為支撐的人民幣貨幣體系。在鉅額外匯的使用上，在歐美已開發國家，應以收購高技術企業為主；在其他地方，則以掌控礦產、森林資源為主，比如非洲和拉美地區。以另一部分投資於北韓、蒙古、俄羅斯、巴基斯坦和中亞等中國周邊國家。同時，還可以考慮投資於臺灣和港澳、東南亞，為未來中華經濟圈奠基，以及投資於國內，扶持製造業，拉動內需。

世界迄今所有大國的崛起，無非是佔有資源市場和消費市場，或者是用軍隊奪得或者是用公司控有。我們不選擇武力崛起，使用商業手段就是唯一的選擇，外匯和一支具有戰略頭腦和嫻熟運作經驗的國際金融隊伍，因此應該被視為中國未來崛起的一支生力軍。

中國必須改變目前這種只能被動參與不能制定戲規則的世界經濟秩序。這不僅僅是參加G8的問題，而是要改造G8，或者另起爐灶。這方面，俄羅斯的思考走在了我們前面。俄羅斯副總理亞歷山大・茹科夫（Aleksandr Dmitriyevich Zhukov）15日在政府金融科學院舉行的「俄中金融銀行體系改革經驗」國際研討會上表示，在俄羅斯和中國貿易增長的同時，兩國應該考慮新的金融機制，而不是只利用美元進行結算。俄中經貿合作中心總裁謝爾蓋・薩納科耶夫（Sergey Sanakoyev）表示，目前俄羅斯和中國在金融和銀行業的聯合，甚至比加入世界貿易組織還重要。兩國應該為順應這一趨勢進行銀行體系的改革。我認為，這是一個高瞻遠矚的建議。但僅僅把眼光局限在俄羅斯還是不夠的。還要把港澳臺和東南亞、韓國和日本納入進來，建立自己的區域金融體系，並漸漸取歐美金融中心地位而代之。只有當世界金融的中心轉向了東方，世界經濟的中心才有可能轉向東方。只有自己擁有金融話語權，才是真正掌握了自己的命運。這方面，中國的航太發展給中國金融體系一個很好的啟

示。當初美國排斥中國不讓我們參加國際空間站，後來我們自己建立了自己完備的航太體系，迫使美國主動來和中國談太空合作。如果我們和周邊國家建立了自己的金融體系，我們不僅可以提高抵禦經濟風險的能力，實際上，也是在建立和諧的周邊政治關係，是對和諧世界理論的實踐。毫無疑問，這將大大有利於整個國家發展的戰略佈局。

金融風暴對美國軍事和世界的影響

此文寫於2008年初金融危機爆發之時。作者身為軍人，自然關注這一世界性危機在軍事層面的影響。作者斷言，此次危機將對美國在全球的軍事擴張，以及新武器系統的更新換代釜底抽薪。

由於美國戰車在世界上橫衝直撞的力度減弱，世界當然總體上會讓神經鬆弛一下；那些美國的敵人們甚至會歡欣鼓舞。但是，危機會過去，美國循著自己的世界帝國目標，也一定會舊態復萌。下一步會如何，只有留待後人們去感受。

眼下，我們雖然處在經濟的寒冬裡，但卻可以暫時沐浴在和平的陽光下，也算有失有得。

金融風暴還沒有減緩的跡象，一些國家的政治家和重量級學者，已經超出經濟的範疇，在預言美國全球霸權的終結了。其中尤以英國政治哲學家約翰・格雷（John N. Gray）說的最直接：「世界正經歷一場歷史性的地緣政治變革，世界的權力格局正在發生不可逆轉的變化。二次大戰以來美國作為全球領導者的時代已經結束。」

我認為，這是金融風暴無法遏制繼續蔓延下去將會導致的必然結果。但在目前還不是現實，而且在眼前的金融風暴和未來的這個

可能的結果之間，還要經歷兩個階段：美國實體經濟的停滯和全球軍事霸權的萎縮。

　　從目前情況看，金融危機還是一場只在虛擬經濟的海面上肆虐的颶風，尚未在實體經濟地的海岸上登陸，所以對美國軍事的影響還處在預防和評估的淺表層面。假設美國和西方目前的救市無法快速奏效，危機從虛擬經濟向實體經濟蔓延就不可避免。由於美國是軍工複合體，實體經濟的停滯，必然將導致美國軍事工業的疲軟，進而如倒下的多米諾骨牌一樣，次第影響到美軍新一代武器裝備的生產、研製、列裝，不可避免地延遲美國軍隊的轉型計劃。總體經濟效益的下滑，還會影響到美國的軍費開支，再連帶地影響到其在目前伊拉克和阿富汗戰場的作戰行動，和一系列耗錢的演習，甚至最後連美軍的待遇也會波及。據美國經濟學者研究，伊拉克戰爭的顯性開支已超過8500億美元，隱性開支超過3萬億美元。在美國國內財政捉襟見肘的情況下，繼續往兩個戰爭黑洞裡扔錢，必然將遭到國會和民眾更大的反對。加之金融危機很有可能把主張早日從伊拉克撤軍的歐巴馬送入白宮，所以，這場金融危機目前最有可能導致的一個對世界局勢有重大影響的結果，就是美國可能從伊拉克全面撤軍。而由此又會導致伊朗問題的緩解，至少美國軍事打擊的計劃將變得更加不可信。

　　多米諾骨牌還會繼續倒下去。現在委內瑞拉和伊朗都在歡呼美國帝國的終結，而俄羅斯則宣告多極世界即將來臨。非常顯然，美國如果在中東的泥沼中抽身，那它在格魯吉亞目前正和俄羅斯進行的軍事角力，也將失去底氣，這又會晃動它在中亞的腳跟。總而言之，除了傳統的政治和軍事優勢區域外，小布希上臺後快速佔領的軍事陣地，都有可能因為這次金融危機蔓延，間接地失守。美國本屆政府上臺後已經裁減了不少海外軍事基地，隨著金融危機的連帶效應像漣漪一樣的不斷外延，可能還會導致超級大國龐大的軍事身軀繼續「精幹

「。這不是城門失火殃及池魚那樣範圍有限的小災難，而是類似大當量原子彈爆炸那樣，由爆心向四周的巨大衝擊波無法阻擋。

由虛擬經濟的金融風暴——實體經濟的停滯——軍事擴張的減速，最後的結果必然是美國全球霸權的衰落。去年，我在《環球時報》發文稱，「美國的軍事擴張該歇口氣了」，指出其由於蘇聯解體後忙於搶佔對手勢力範圍，連續打了20多年仗，其軍事勢能已釋放殆盡，正因為如此，我在《中國國防報》隨後又斷言美國絕對不敢打伊朗。之後面對委內瑞拉、北韓、伊朗等並不強大的對手，屢次對美國進行羞辱和公然的對抗，強弩之末的美國果然力不從心。其實，現在看來，那時美國就已經顯出疲態。可以這樣說，此次美國金融危機是美國連續戰爭累出來的「心臟病」，這次心臟病，又惡性循環地讓美國的戰爭腳步更加寸步難行。如果美國和西方無法遏制金融風暴引發的後續雪崩，美國世界帝國的事業，將在21世紀初就將和華爾街的雷曼兄弟銀行一樣，宣告破產；如果美國和西部不惜用美元和歐元未來大幅度貶值為代價，擋住了風暴引起的海嘯氾濫，那美國的國家形象和稱霸世界的進程，也無可避免地會遭受重創。或者從此慢慢地死去，或者重傷後慢慢地康復。無論是哪種結果，都是美利堅帝國的不幸，同時也是其他大國千載難逢的機會，都會導致約翰‧格雷所說的「一場歷史性的地緣政治變革」。

有學者預言，為了轉嫁危機，美國可能對外發動新的戰爭。但我認為，這種情況不會出現。因為目前美國金融危機，只是損害了美國的金融信譽，真正丟失財富的是世界那些購買了美國信用的國家。美國民眾和美國的實體經濟並沒有受到直接影響。而且目前美國所謂的救市計劃，也主要是誘騙別的國家繼續購買美國債券，或通過加印鈔票，既沒有對國內加稅，也沒有出售戰略資產，也就是說，美國國體並沒有傷筋動骨，它不需要在目前身陷兩個陷阱的

情況下，再跳進一個不可預測的戰爭深淵。有人關心在目前美國特別缺錢的時候，會不會適度放鬆對中國等國家的武器禁運，以獲取大筆外匯收入？由上分析，我認為美國不會採取這種在他們看來是飲鴆止渴的做法。它的戰略家們前面設計了金融陷阱，把中國和其他一些國家的資金牢牢套住，再通過貶值予以蒸發，釜底抽薪。就是現在突發危機，他們首先想的也是把中國和其他國家再一次裝進來，把危機轉嫁出去。美國的戰略家們處處算計別國，絕不會讓自己陷入被動。如果真要迫使美國在售武問題上鬆動，別國應該採取主動的行動，或以拋售美元債券為脅迫，或為救市提出合理的條件，否則美國是絕對不會主動送上這個「大禮包」的。但如果別國現在採取這個行動，控制著全球話語權的美國，又會動用政治、外交和其他的手段予以反制，最低也會把別國描述成趁火打劫的強盜，這都是可以預期的。世界上目前只有俄羅斯敢這麼玩，但俄羅斯又不需要美國的武器。

就像1991年誰也沒有想到超級大國的蘇聯突然猝死一樣，2008年誰也沒有想到，唯一的超級大國美國會一個跟頭，重重地摔倒。它會爬起來，但疼痛會讓它在相當長的時間內或停在原地或緩步前行。這個過程，在邏輯分析上就是前文所述從金融風暴到霸權衰落四部曲，在普通人的感覺上，就是美國在世界幾個重要地區的軍事收縮，和在外交領域可能會露出更多的笑臉。與這一進程相映照，俄羅斯這個已經在十幾年的傷痛中復甦了的巨人，將趁機邁開軍事步伐。無論是從其洲際飛彈的頻頻試射、戰略轟炸機洲際演習，還是從其宣佈大動作軍改計劃，都已經能看出這一端倪。

也許約翰·格雷宣稱「美國作為全球領導者的時代已經結束」的結論下的有點早。但新的多強並進的時代大幕，的確已經拉開了一角。

美國有一種「世界大戰」幻覺

寫於2006年的這篇文章，其實是在嘲笑美國的那些鷹派學者。彼時，小布希總統率領下的戰爭政府，正在伊斯蘭世界的兩大戰場陷入全面的持久戰。作者早在2004年就預言，美國從來就沒有學會持久戰，如果它不幸陷入持久戰，等待它的一定是失敗。

看到那些曾經誤導了小布希的好戰學者又繼續鼓吹發動對伊朗的戰爭，以發起第三次世界大戰，作者忍不住給這些發燒的美國人把了把脈，認為這些一直叫囂世界大戰的人，其實是美國戰略困境的反映，就像一隻掉進陷阱的困獸的嚎叫一樣。

被布希總統稱為「最喜愛的歷史學家」、素有東方學專家、研究伊斯蘭問題權威之稱的美國政治學家貝爾南德‧劉易斯（Bernard Lewis），幾天前撰文宣稱「世界站在新的世界大戰的門檻上，戰爭將於2006年8月22日在中東地區爆發」。由於作者的特殊身份，這顆學術「原子彈」立即在世界上引起軒然大波。

那段時間以來，相當一批身份不同凡響的美國政府和學界人士，不斷拋出「新世界大戰」的論調，這是為什麼？

一、兩年來美國右翼一直在鼓噪「世界大戰」

　　貝爾南德・劉易斯並不是「新世界大戰」論調的始作俑者。2004年10月，五角大樓顧問、美國企業研究所的邁克爾・萊丁（Michael Arthur Ledeen），就在一篇公開發表的文章中寫道：「如果我們早知道伊拉克戰爭是這樣的結局，就會首先拿伊朗開刀：它是現代伊斯蘭恐怖主義之母、黎巴嫩真主黨的創建者、基地組織的同盟、紮卡維的資助者、法塔（Fatah）的長期避難所和哈馬斯的支柱」。

　　在一次特別的國際會議的討論會上，前美國中情局局長、當前危險委員會副主席伍爾西，以「第四次世界大戰：我們為何要戰鬥？ 我們與誰戰鬥？ 我們如何戰鬥」為題，強烈主張向包括「伊朗毛拉、伊拉克和敘利亞復興黨及伊斯蘭瓦哈比教派(基地組織是該教派的一部分)」在內的「伊斯蘭法西斯主義」發動一次世界大戰。平時很少拋頭露面的新保守派教父諾曼・波德霍雷茨也特意參加了這次會議。此人更是極力鼓吹以「第四次世界大戰」來應對美國在中東面臨的威脅與挑戰。他稱以色列佔領巴勒斯坦的戰術是「如何進行此類戰爭的一個樣本」，說「一旦美國改造中東的計劃成功，整個地區的面貌將煥然一新」。波德霍雷茨最驚世駭俗的主張竟然是以色列利庫德集團的長期觀點：這些中東國家都是在鄂圖曼帝國衰落後人為捏合而成的，因此「第一次世界大戰後所形成的（國家）可以在第四次世界大戰中被肢解」。

　　2006年8月，美國國會前眾院議長紐特・金里奇（Newt Gingrich）又危言聳聽地說：「在我看來，我們已經身陷第三次世界大戰的初級階段了。」緊接著，著名的美國《外交政策》雜誌高級

編輯大衛・波斯科（David L. Bosco），就在《洛杉磯時報》發表文章呼應「這是第三次世界大戰的前夜嗎？」

從官方智囊學者，到政府官員、首腦，「世界大戰」的論調不絕如縷。2003年3月伊拉克戰爭之初，小布希就說此戰是新時代的「十字軍東征」，不久前，英國破獲恐怖組織陰謀爆炸10架客機案，小布希又不假思索地稱倫敦陰謀「使我們認識到，我們國家正與伊斯蘭法西斯分子處於戰爭狀態」，其用語風格與克爾・萊丁、伍爾西（Woolsey）等如出一轍。

二、四十年來美國一直在「大戰世界」

當今世界上，最有資格說打世界大戰的只有美國人。美國連續打贏了兩次世界大戰，還贏得了一次特殊的世界大戰——冷戰。今天的美國軍隊是「三球」牌的：全球機動、全球到達、全球交戰。憑藉遍佈全球的近千個軍事基地，美軍事實上控制著全球公共空間——海洋、天空和資訊——的制權。

六十多年來，美國國內始終有人想挑起世界大戰。二戰剛一結束，和蘇軍在易北河會師的巴頓就故意辱罵朱可夫（Georgy Konstantinovich Zhukov）「狗娘養的」，想藉機把蘇軍趕出德國或歐洲；五年後美國介入韓戰，遭遇中國軍隊阻擊後，麥克阿瑟也屢發狂言，欲脅迫美國政府進行第三次世界大戰。

由於兩極格局和核子武器的巨大威懾力，雖然一戰、二戰模式的世界大戰沒有爆發，但是，一種新式的——我稱之為「美國自己的世界大戰」，卻以全球巡獵、各個擊破的樣式開始了。如果把近四十年美國及其鐵桿盟國在世界各地進行的戰爭，以時間和空間座標顯示出來，可以清晰地看出：從1961年的越南戰爭、1983年的格

瑞納達，之後的利比亞、巴拿馬、波灣戰爭；波黑和科索沃、阿富汗、伊拉克戰爭；今天又劍指伊朗、北韓。美國軍隊的足跡已踏遍五大洲四大洋。

　　就在「新世界大戰」論在美國大行其道時，一本名為《新美帝國主義：布希的反恐戰爭和以血換石油》的書，也在歐美引起廣泛關注。這本由英國斯特靈大學國際關係學者瓦西里斯‧福斯卡（Vassilis K. Fouskas）博士等所著的書中，一針見血指出「新美帝國主義往往用維護和平、民主和自由的華麗辭藻來掩飾自己……美國對世界『救世主』式的帝國控制從1945年以後就隱含在其外交政策中……但只有在冷戰後，它們才找到機會露骨地表現出來」，如今，「美國用反恐戰爭取代反共戰爭，把打擊恐怖主義，當做在新世紀進行全球軍事和政治擴張的萬能理由」。如此看來，美國右翼的「新世界大戰」一點都不「新」，只不過是一直都在進行的「大戰世界」的新階段而已。

三、「新世界大戰」的叫囂是美國戰略困境的反映

　　回顧歷史可以知道，每當美國在戰場上陷入困境，總是不切實際地希望以擴大戰爭的極端手段「解套」。韓戰、越南戰爭美國數次考慮動用核武，今天，美國那些鼓吹「新世界大戰」的人雖然沒有如此明目張膽，但急於脫困的心理，卻如出一轍。由「新中東計劃」的受阻，導致其全球戰略拋錨，並因此陷入全球反美力量的聯合反攻，美國從一直包圍別人的心理狀態180度逆轉，發覺自己正在被包圍。心理的扭曲導致「幻覺」的產生：從2004年年開始，美國在阿富汗和伊拉克戰場陷入游擊戰的形勢徹底明朗化；這年底，伊朗核問題呈現白熱化；也正是從2004年，「第三」或「第四」次世

界大戰的幽靈在美國開始出籠。

就像當年美國沒有認真反思「911」事件發生的原因一樣，今天美國各界也缺乏一種對眼前戰略困境的省思意識。其實，以美國「超人」般的軍事力量，連一個沒有國家政治實體支撐的鬆散組織和一群非正規的游擊武裝都對付不了，還談什麼「新世界大戰」？正是無節制的戰爭讓美國泥足深陷，而試圖以更大規模的戰爭自救，豈非飲鴆止渴？

阿富汗、伊拉克的血腥事實，無情地證明了那些鼓吹「第三」或「第四」次世界大戰的人，都是一些沒有戰爭經歷的空想者，其拋出的危險見解——以為憑藉超級軍事能力，以「外科手術」輕易剪除了對方政府首腦，就從根本上消滅了敵人，是多麼的天真。

美國曾經打贏了過去的世界大戰，但那其實是一個「世界」對另一個「世界」的戰爭，美國只不過是「投機」地站在勝利者一邊。但現在美國要征服全世界。失去道義的核心優勢，美國並不像它感覺的那樣強大。軍事力量的有限性，在以、阿衝突和越南戰爭中已經得到歷史證明，在伊拉克和最近的以、黎戰爭中再次得到現實的證明。和當年越南戰爭綜合征相似，今天的美國政府事實上已經失去繼續動用武力的自信。從它在伊朗、北韓核問題上罕見地一再宣稱重視外交協商，和面對古巴嚴厲警告的軟弱回應的態度，就可以看出此屆美國「戰爭政府」的今非昔比。此情此景此時此刻，美國右翼卻掩耳盜鈴、自欺欺人地一再叫囂「新世界大戰」，反映出的正是他們為此屆美國政府設計的「先發制人」政策已經走進死胡同，而這些白宮「軍師」既放不下唯一超級大國的「架子」，但又找不到合適臺階下臺的窘境。

中、俄：美「帝」霸權的兩大門檻

此文最精彩之處在於，雖然實寫大國政治，但通篇都是動物世界的畫面。中國是大象，俄羅斯是狗熊，美國是老虎，阿富汗和伊拉克是老虎肚子裡的兔子，格魯吉亞則是草原上兩大食肉動物嘴邊爭奪的旱獺。

這世界說複雜也複雜，說簡單也簡單，國際政治就是如此。如果用專業術語，會複雜到把所有人都講迷糊；換一個形象的視角，其實一目瞭然。

作者在這裡給中俄支招「撕爛美元」，看起來是純金融問題，如果和本書第一章聯繫起來看，那意義可就大了：美國的帝國大廈是建立在美元全球貨幣之上的！

美國在21世紀要登上世界帝國的霸壇，有兩大門檻必須跨過，一是中國，一是俄羅斯。所以，從蘇聯解體後，美國的大戰略也一直是兩面包抄，雙峰貫耳。東邊，利用美、日、澳、韓、台包圍中國，隔離俄印，西邊利用北約東擴擠壓俄羅斯。南邊拉攏印度、越南，割裂歐亞大陸，不讓俄、中、印和東南亞連成一片面向兩個大洋的板塊，堵住中俄走向世界的海洋通道。

但是，中俄的塊頭太大，而且一頭大象一頭狗熊背靠背站在一起，美國這頭超級老虎一下子吃不下去。於是出現了問題：對峙。

在歐亞大陸的中部一個叫外高加索和黑海的地方，美國領著歐洲的一群小獸，和俄羅斯齜牙咧嘴地互相威脅著，肢體磨蹭著衝撞著。在歐亞大陸的東北和東南部的海面上，美國領著亞洲的幾隻小狼，在徘徊著，伺機而動。一會是東海，一會是南海，一會是台海，時有驚濤駭浪。

但美國老虎始終沒有直接撲上來，因為它的胃裡正在消化著伊拉克和阿富汗這兩隻沙漠和山地的兔子。同時，它的眼睛還盯著伊朗和北韓。但是，突然，外高加索發出了一聲嘯叫，兩隻大型食肉動物終於因為格魯吉亞一個草原小旱獺掐了起來，雙方還咬了一嘴毛，見了血。接著俄羅斯狗熊大發威風，讓美國老虎不得不退避三舍。

只有食草動物的大象一直避讓著美國和它的那些亞洲小狼。但是，誰也沒有想到，美國自己竟然一個屁墩摔倒在地：華爾街突然爆發了金融風暴。這個意外的跟頭，讓世界看到美國其實是一隻有著內傷的老虎。十有八九，是在追逐伊拉克和阿富汗的兔子時，累成了這樣。所以有人說華爾街真正的爛賬是那兩場遙遠的持久戰爭。

但是，美國的跟頭並沒有讓中國幸災樂禍，而是讓普通的中國人忽然感到，美國的倒下，竟然把中國也拉了一個趔趄——美國什麼時候已經在不知不覺中把中國的一條腿抓住了？之前一直有《貨幣戰爭》和《金融戰爭》的微弱呼聲，但真讓整個溫和的民族大吃一驚的是，忽然有消息說中國有12000億美元外匯被垃圾紙一樣的美國債券套住。這讓多數中國人高度警覺，從而也讓美國人試圖全部騙完中國外匯，徹底綁架中國經濟的戰略，提前暴露意圖。在舉國一致反對下，曾經準備大力救市的中國最終在懸崖邊上停住了。

俄羅斯從北約東擴，美國公開支援中亞顏色革命這些赤裸裸

的舉動中已經看清美國的本意，就是繼續肢解俄羅斯。索性撕破臉皮，跟美國玩起了全球政治、軍事對抗。而中國也對美國試圖用金項鏈絞死自己的戰略陰謀有所覺察，於是，中俄雙方在黑瞎子島握手，急忙解決了全部領土爭端問題，在一些戰略問題上開始了共謀。其中之一就是探討在以後的雙邊貿易中，不再用美元結算，並開始打造新的金融體制。

這是非常高明的一步棋。美國之所以目前在世界稱霸，其實憑藉的就是財大氣粗。什麼財？就是美元。軍事霸權、政治霸權是美國這只超級猛獸的爪牙，金融霸權才是它的內在動力的支撐。美國不斷地通過政治和軍事手段橫行世界，也經常以金融危機的形式，輕易地迫使日本、東南亞等新興經濟體就範。但這次發生在美國自己身上的金融危機，讓世界看到美國無恥一面的同時，也看到它虛弱的一面——這個有著心臟病的巨獸也是可以打倒的。它既然可以自己摔倒，就可以被外力打倒。

毫無疑問，美國稱霸世界的最大受害者和首先受害者都是中俄。而延緩美國稱霸的進程，因此就應該成為兩國心照不宣的目標，這目標還有著直接維護世界和平的深遠和高尚的意義。現在，天賜良機，這頭咄咄逼人的、即將成為世界帝國的怪獸自己摔倒了。讓它在地上多躺一會；讓它再次站起來的時候，不再擁有昔日的暴戾和暴力，絕對是那些被它逼到牆角的動物們的第一利益。但是，大象和狗熊級別的中俄都不具有落井下石的決心和實力。怎麼辦呢？俄羅斯副總理、俄中政府間委員會俄方主席亞歷山大・茹科夫15日在政府金融科學院舉行的「俄中金融銀行體系改革經驗」國際研討會上發言時呼籲：在俄羅斯和中國貿易增長的同時，俄中學者、金融家、銀行家應在嚴重的國際金融危機條件下，協助制訂兩國銀行業相互滲透的新的金融機制，而不是只利用美元進行結算，

這甚至比加入世界貿易組織還重要。對此，目前的時機是恰當的。

亞歷山大‧茹科夫的呼籲具有戰略遠見。如果中國和俄羅斯這一對難兄難弟，能夠掐住並最終撕爛美元，必然會有更多的國家跟進。從長遠看，美元的世界霸主地位就將結束，美國人靠著印鈔機換全世界財富的日子就將結束。接著，美國在世界上的政治和霸主地位，也將開始動搖。

美國不是要在世界推行民主嗎？民主只有在別國的實力足以跟美國抗衡的時候，才具有現實性。怎樣提升自己的實力？追趕固然是一條路。但讓領先者絆倒，並多在地上躺一會，也是個辦法。於是，中國和俄羅斯真的應該繼當年中國和蘇聯攜手阻止美國東進以後，再次攜起手來。這不是政治結盟。這是維護雙方戰略利益的共同需要，也是維護世界和平的需要。

美國和歐洲20世紀在冷戰中聯手，通過石油搞垮蘇聯的經濟進而肢解蘇聯。21世紀，世界也許會看到另外一齣好戲：兩隻被老虎追趕的動物轉過身來抓住並扳倒了老虎。

資訊化時代核威懾作用降低了嗎?

　　美國突然宣佈要大幅度削減戰略核子武器，後來又說要在全世界推動徹底銷毀核子武器，讓很多人以為美國是在說夢話。美國真是這麼想的嗎?

　　作者於是又拿起瞭解剖刀，把美國人真正的心思給挑了出來：美國不僅不會放棄核威懾，還在進行核子武器的資訊化改造!

　　以前，美國是靠核子武器嚇唬世界，當很多大國都有了核子武器，很多小國也在搞的時候，美國又發展起資訊化常規優勢來了。

　　現在，美國又把兩大軍事優勢組合起來。美國始終沒有放棄訛詐全世界的意圖。

　　2005年耶誕節來臨之際，美國宣佈F22猛禽戰鬥機正式裝備美國空軍；今年耶誕節前夕，美國又送給全世界一個聖誕禮物——12月18日，美國突然宣佈單方面削減3/4核武庫，只保留1700—2200核彈頭做戰略值班。由於事先毫無預兆當然更談不上先決條件，聯想到當年美、蘇雙方關於戰略核子武器談判時的錙銖必較，美國此舉不能不讓讓世界嘖嘖稱奇。

一、議論：美國此舉是一箭多雕

美國有媒體稱，削減核武庫是因為美國已經沒有足夠的錢來維護現有核武庫的安全。這種說法有一定道理。據統計，美國平均每年要花費大約46億美元來維持其核武庫。但是近二十年來美國連續在世界上發動戰爭，特別是在伊拉克和阿富汗陷入持久戰之後，美國軍費已捉襟見肘，連最先進的F22裝備數量和其他武器系統的更新都受到很大影響，甚至牽扯到美軍的整體轉型。在此情況下，美國自然而然地要精打細算，對現有的核武庫進行重新評估。目前美國約有1萬多件核子武器，其中約8000件處於戰備部署狀態，且很多是大當量的。這個數量足夠毀滅人類很多次。殺死敵人一次和殺死一百次的效果是一樣的。既然如此，保留多餘的能力就是一種巨大而沒有意義的浪費。且冷戰已經結束，美蘇都已事實上放棄互相確保摧毀的戰略。如果考慮到美軍今天獨步全球的資訊化常規軍事優勢，大多數核子武器更是沒有保留的必要。

德國《圖片報》認為，布希此舉是擔心核子武器可能會出意外或者成為恐怖分子盯上的目標。這個分析也是有道理的。「911事件」中，連最安全的五角大樓和白宮尚且可以成為基地組織別出心裁攻擊的目標，美國眾多的核設施憑什麼認為三絕對安全的？而一旦美國的核子武器在自己的國土上被引爆，其影響是不堪設想的。

我認為，除上述分析之外，布希此舉的真實用意，還有著要卸掉美國身上的戰略負擔，去掉「贅肉」，集中資金，以在已經遙遙領先的以資訊化為標誌的新軍事革命中輕裝上陣繼續領先的戰略考慮。美國此舉將節約大量的資金，除了將緩和伊拉克的戰費緊張，還可以為進一步擴大部署NMD系統注入動力。大幅度削減戰略核彈

頭，還將節餘出大批戰略飛彈，這正好可以為其加裝常規彈頭，以加速實施美國國防部前不久提出的「一小時打遍全球計劃」，為實驗資訊化閃電戰奠定物質基礎。

同時美國此舉也是在解決北韓和伊朗核問題時，向國際社會作出的一個「積極」姿態，特別是在國際政治上將俄羅斯一軍。世界上擁有核子武器最多的就是美、俄兩家。當年美、蘇軍備競相生產，後來美、俄討價還價互「掐」。現在美國突然出手主動大幅度削減了，俄羅斯必將一下子被閃得手足無措。因為美國有研製21世紀新武器系統的技術和資金，削減大批戰略核子武器，不僅不會削弱反而會大大加強國家安全，而俄羅斯則沒有這些條件。如果俄羅斯不隨美國的舉動「起舞」，會在世界上受指責和非議；而如果跟隨美國，俄羅斯將一無所有。

此舉還意味著美國今後將在防止核擴散方面進一步加大力度，對待那些試圖擁有核子武器的國家的態度將國家嚴厲。毋寧說，布希放下了許多沒有多少實用價值的戰略核彈頭，但卻拎起了一條可以任意揮舞的「道義」核大棒。

二、實質：美國加速對核武庫進行資訊化改造

布希此舉在軍事理論領域引發的一大爭論是：在資訊化時代，核子武器的威懾作用是不是降低了？俄羅斯國家安全和戰略研究所專家謝爾蓋‧卡津諾夫（Sergey Kazennov）認為，自從美國擁有高精度武器之後，進攻性戰略核子武器的重要性就開始下降了。而大多數西方戰略學者則認為美國裁減核武庫最多只是一個結構性調整。德國學者尤瑟夫（Yusuf）就說，這表面上是布希上臺所作的唯一一件「好事」，但別忘了，美國擁有在15分鐘內摧毀敵人的能

力,這一點是沒有改變的。白宮女發言人佩里諾(Dana Perino)在美國宣佈削減戰略核武庫之後隨即舉行的記者會上也強調:「擁有一種可靠的核威懾力量依然是美國國家安全的重要組成部分,而核力量也依然是迎接潛在安全挑戰的關鍵。」《華盛頓郵報》稱,布希政府的這項決定並沒有影響到美國核武計劃的關鍵部分,包括一些核研究中心,正在研究和設計中的新型核彈頭,並且還有3萬多科學家和科研人員繼續受雇從事與核子武器相關的工作。美國國家核安全管理局負責核彈頭專案的托瑪斯・阿古斯蒂諾(Thomas P. D'Agostino)則更加清楚地說:「現在的核武設施需要走出冷戰時期的舊模式,以前的模式已經過時了。現在的核設施應該規模更小,但更安全,更可靠,而且花費更低。」

答案實際上已經很明顯。美國此次大規模削減核武庫,並非認為核子武器在資訊化時代的作用減弱,而是認為必須走出冷戰時期的舊模式,使核子武器戰略向實戰化轉變。說得再清楚一點,就是美國在成功實現了對常規武器系統的資訊化改造之後,將要對冷戰時期遺留下來的龐大的核子武器系統,進行資訊化改造了。由於資訊化常規武器系統相對於其他國家的巨大不對稱優勢,在對付一系列中小國家時,美國暫時不需要依賴戰略核子武器。但是,隨著中小對手基本被打光,美國今天和未來面對的都是一些實力強大的大國,其中幾個還擁有核子武器。美國因此感到,趁著別國都在追趕它常規資訊化優勢,現在正是進行核子武器系統資訊化改造的時候。這樣可以打一個時間差,等潛在對手回過頭來,美國又將在新的領域獨佔鰲頭了。美國非常清楚,僅靠它的資訊化常規武器系統,是威懾不了擁有核子武器的強大對手的。靠它的已經被證明沒有效果的老式核子武器體系也不行。它必須要擁有新型的核子武器系統。如果人們把美國此舉與它已經試驗成功正在全球大規模部署的NMD系統聯繫起來看,這一切就豁然開朗了。美國在宣佈壓縮戰

略核武庫之前，當量小、污染小的新型戰術核子武器事實上已經試驗成功，並且是和美國的新型鑽地飛彈研製相同步的。美國此舉是把一把掄起來很笨重的核鐵錘，改造更多輕快鋒利的核飛刀。

這是世界軍事領域的一個標誌性事件。它喻示著作為一個軍事階段，曾經終結了機械化時代的核子武器時代已經正在被資訊化時代所取代。但這並不意味著核子武器作用的降低，更不意味著核子武器從此將退出戰爭舞臺。相反，這意味著核子武器的浴火重生。經過資訊化改造後的新型核子武器，由於使用門檻降低，將使傳統核子武器只作為心理武器的概念成為歷史。由於這一實用性，新型核子武器的威懾性將急劇增大。

美國改造核子武器系統是和其加強資訊化常規武器系統相輔相成的舉動，一方面為核子武器注入資訊化技術的快速、靈敏、精準特性；另一方面又為資訊化常規武器系統賦予核子武器的巨大威力。美國一系列的精確打擊，曾經刺激它的對手們紛紛將重要設施轉入地下，但現在美國的新型核子武器系統，又在理論上讓它的對手們陷入困境。

可以說，美國削減戰略核武庫的舉動是一個戰略性的「進攻信號」。世界不會被美國的假象所迷惑，而會因此準備開始新一輪以資訊化技術改造現有核武庫的潮流。世界面臨的核戰爭威脅，將比冷戰時代更大。由於這種恐懼，一些國家或恐怖組織，將以更大的「熱情」傾心核子武器，世界反核擴散的形勢也更加嚴峻了。

海嘯賑災的准軍事觀察

　　本文寫於2004年。作者不愧是站在國家航船的桅桿上瞭望遠方的人，從一次海嘯的人道主義救災中，居然看到了亞洲北約的輪廓，當今世界的老大以及歐盟幼兒蹣跚的身影。

　　再沒有什麼比突發事件更能檢驗一個國家的戰爭能力了。很多的國家，也正是通過這個事件，展現他們的政治親密度、軍事反應力。

　　所以，作者選擇這個角度，觀察離中國如此之近的這個地方，那些穿梭的軍事背影。

　　難得中國有這麼個哨兵，時時為祖國的安危警惕著，怪不得海外稱之為「鷹派」，不僅要有鷹之硬，更要有鷹之銳，鷹之警。

　　12月26日，平安夜的鐘聲響過，眼看2004年就將成為人類進入21世紀以來，一個難得的政治、軍事「平安」年。然而，忽然……太平洋和印度洋的結合部的海底一聲巨響，將風光旖旎的南亞群島瞬間撕裂，也把自伊拉克戰爭以來，正在進行「粘合」的世界幾大政治板塊，劇烈地震開了。驚天動地的海嘯，帶來了一幕遠遠超過「9.11」災難的人間悲劇，同時還意外地帶來了一場充滿政治和軍事意味的

角逐。漸趨平靜的血腥海水，遮掩著看不見的波瀾此起彼伏。

此次救災行動與以往的最大不同是軍隊的大量介入。在政治家眼裡，發生在世界戰略要地的這場自然災難，為爭奪、擴展勢力範圍和影響提供了一次難得的博弈機會；對於軍人們而言，那波及海域之廣、殺傷威力巨大的海嘯，則不啻為一場突發的大規模局部戰爭。各國不約而同地將海嘯救援，當作介於戰爭與演習之間的准軍事行動。作為旁觀者，冷眼向洋打量那些全副武裝的身影，不是沒有必要的。畢竟，那裡距我們的南國門僅一步之遙。

一、美國：自越戰以來美軍在亞洲最大規模的軍事行動

美軍是最早發現此次救災可以開發出軍事效益的。地震一發生，特別是美國政府決定大力介入之後，美軍高舉人道救援的旗號，以海嘯為假想突發局部戰爭事件，立即展開了各軍兵種的聯合作戰保障行動。日本軍事評論家藤井冶夫說：「美軍此舉的目的是顯示力量，同時要針對『不穩定地區』戰事的計劃，打算在此次救援活動中演習美軍主導的聯合作戰」。

法新社稱，這是自越戰以來美軍在亞洲最大規模的一次行動。這「最大規模的一次行動」，反映出的是美國應對戰略性突發事件的能力。

美國按照一場突發的戰爭模式，來檢驗從國家層面到駐亞太戰區部隊的全面應變能力。1、迅速做出政治和外交反應。美國國務卿鮑威爾（Colin Luther Powell）和小布希總統弟弟到災區巡視；老布希和克林頓（Bill Clinton）領導「全國性賑災運動「的場面。小布希在夫人蘿拉和老布希及克林頓陪同下，還到印尼、斯里蘭卡、印度和泰國大使館進行弔唁。同時，布希總統下令全美國下半旗一周，

對「大悲劇中的受難者」，尤其對數以萬計的死者和孤兒表示同情。美國的認捐額，也戲劇性地一下從1500萬美元飆升到3億5千萬美元。2、立即組成區域性國際聯盟——實際上即戰爭結盟，為組成盟軍做準備。這種類似戰爭動員和輿論準備的行動開始的同時，布希在他的德克薩斯州牧場宣佈，美國已經聯同澳洲、日本和印度，組成「國際核心救災組織」，領導印度洋海嘯災區救援工作。不僅把中國、歐盟有意撇在一邊，連聯合國也再次被晾在一邊，一如伊拉克戰爭時的歷史重演。此次美國組織的「四國幫」，被分析家稱為「可能是美國主導的亞洲版北約的一個翻版」。日本和澳大利亞都是太平洋大國，也是美國的傳統軍事盟國；印度近年與美國是「戰略夥伴」，彼此已經建立起一個良好的聯合行動機制。四國在如此短暫的時間裡如此驚人的步調一致，足見其在共同利益促使下的心照不宣。雖然「四國幫」的壽命不到一周，作為應付未來在亞洲戰爭危機中聯合軍事行動的一次實踐機會，其意味十分深遠。3、以高機動性的海空力量快速開進，以控制局勢，搶佔有利態勢。這些國家戰略層面上的行動之後，是軍事戰略層面的緊密銜接。在所有參與救災的世界各國軍隊或救援組織中，美軍最早到達災區，顯示了以海空力量為主要編成的美軍的高機動性。

2004年12月31日——距海嘯發生5天，美國第一支包括航母和4艘艦艇組成的艦隊已抵達蘇門答臘的北部海域。2005年1月3日，以「好人理查德」（USS Bon Homme Richard）號為核心，由一艘直升機航母和7艘支援艦組成的第二支美軍艦隊，穿過麻六甲海峽抵達印度洋災區。由6艘運輸艦組成的第三艦隊，滿載包括可支援1.5萬名海軍陸戰隊員行動30天所需物資，從韓國和關島開往災區，直觀地揭示出這個美國太平洋上戰略基地的「戰略」性。「林肯」（USS Abraham Lincoln）號航母的兵力裝備平均每天出動6到7次，把30多噸食品和淨水運往印尼的偏遠災區。其出動強度，幾乎相當於一場

局部戰爭。「仁慈」號大型醫療艦擁有上千張病床並且可供救援直升機起降，顯示了美國海軍強大的後勤保障能力。

這樣的戰略「三大步」與近年來美國或以美國為主進行的科索沃戰爭（Kosovo War）、阿富汗戰爭、伊拉克戰爭驚人的類似。在此步驟上，體現出了美國海外空軍基地和航空母艦的戰略重要性。在美國同時進行著阿富汗戰爭和伊拉克戰爭兩場戰爭的情況下，美國尚能抽出如此強大的兵力，做出如此快速的反應，這是一切關注美軍在亞太如何幹涉的人們，應該注意的。

分析家認為，美國正利用救災的機會，向亞洲展開新一輪的軍事部署和戰略滲透。誠如斯言。2004年7月，美國進行了「2004夏季脈動」演習，在全球同時調動7艘航母，同時在五大洋演習，最後齊集太平洋。美國在這裡展現的不僅是它的太空和資訊優勢保障下全球海空遮斷能力，同時也展現了它對太平洋地區的格外關注。拉姆斯菲爾德不久前對五角大樓下達了向「10—30—30」模式軍事構想過渡的任務。這一構想的實質是：一旦美國政府決定動武，美軍要在10天內準備和進發，此後30天內擊敗敵人，而後的30天內，美軍應為到達全球任何一個地區完成新的戰鬥任務做好準備。就是說一年之內，美國要能夠連續打贏五場戰爭。「2004夏季脈動」演習讓我們看到美國海軍在圍繞這個戰略轉變這次救災，給海軍提供了一個近似實戰的檢驗機會。

二、日本：歷史上規模最大的海外派兵救災

日本此次在軍事方面的表現也非常搶眼。2004年12月28日，日本防衛廳長官大野功統下令正在印度洋上的「高波」、「霧島」和「榛名」等3艘海上自衛隊艦艇，前往泰國南部的普吉島。一艘高

速雙體船從沖繩出發馳夏管災區。同時，日本還宣佈派出1000人的自衛隊赴海嘯災區。一名防衛廳官員說，參與海外救災行動的日本海陸空自衛隊人員，歷史上以這次的規模最大。表明了去年12月10日日本內閣會議上，通過的《新防衛大綱》中所表明的擴大自衛隊海外活動的強烈願望。《產經新聞》用圖表方式標明自衛隊以及各大日本戰艦、戰機即將活動於泰國、馬來西亞和印尼的分佈圖，指出：「這一派遣將對日本的軍事防衛發生巨大影響。因為海陸空三自衛隊將借這次救災首次合而為一，進行統合作戰。」

日本沒有超越本土防衛的獨立軍事戰略，它的一切都是以日美安保條約為出發點，以協助美軍，扮演支援者角色為己任。故面對這樣一場發生在海外周邊的「戰爭」，日本出動的軍艦和人員數量，都體現著日本當前的戰略處境。但日本並不滿足於此。即使是這樣一次對於日本是空前規模相對於其他國家是小型的軍事支援性行動中，日本也進行了聯合作戰，為以後日本軍隊跨出國門，獨立擔當海外現代作戰的重任未雨綢繆。

「統合作戰」即世界軍事學術界統稱的聯合作戰。但是，必須指出，日軍此次「統合作戰」，絕不僅僅是一次普通意義上的高技術局部戰爭的演練，而是一次準備躍出日本本土的「熱身」。

2004年版的日本《防衛白皮書》鼓吹「中國軍事威脅論」。2004年11月，日本防衛廳透露了「中國攻擊日本的三種可能性」。前不久，日本日本共同社稱，防衛廳內部已經制訂了明確行動計劃：當西南諸島——包括中國的釣魚台——有事時，防衛廳除派遣戰鬥機和驅逐艦外，還將派遣多達5.5萬人的陸上自衛隊和特種部隊前往防守。這是很露骨的挑釁。其深層次動機是為未來策應美國的台海介入做準備，不排除其趁火打劫一舉佔領釣魚台的打算。此次日本不惜動用軍艦和C130運輸機參加救援，其實也是在展示其強大

的遠距投送能力。

　　美國和日本在此次救災中的軍事表現，實際上是未來美國和日本在太平洋和印度洋上聯合軍事行動的縮影。

三、臺灣軍隊的「隱形」起飛

　　從這次軍事賑災還能看出亞太地區正在形成的美日台聯盟互動的戰略模式。台「國防部」草擬的「軍事賑災」計劃中，空軍準備了7架C130軍用運輸機及6組機組人員，臺灣海軍則安排了8400噸級的「中和」級運輸艦，準備用於搭載陸軍的支援裝備及人員。直到半個月之後，臺灣空軍3架被塗掉標誌的C—130H才在機密狀態下，分批自新竹基地出發，經新加坡飛抵印尼棉蘭。

　　新加坡的角色分外引人注目。臺灣空軍終於成行，新加坡「功不可沒」。這個處處以以色列為榜樣，立志當亞洲飛蝎的國家，在此次救災當中，分外忙碌。連續增派了福克50型運輸機和包括支努克等大型運輸直升機在內的十餘架直升機和登陸艦，運送武裝部隊和民防部隊人員將超過600名。

四、印度：印度洋最強大的海軍小試鋒芒

　　此次海嘯救災的另一個引人注目的角色是印度海軍。印度海軍的表現，讓世界看到一個迅速成長中的幼鯨。

　　海嘯發生後，印度陸海空三軍立即展開了「和平時期前所未有的救援行動」，陸續出動1.55萬兵力、數十艘軍艦、幾十架直升機和運輸機奔赴遠離印度大陸的安達曼尼科巴群島（Andaman and Nicobar Islands）。安達曼尼科巴群島位於麻六甲海峽西北端，據

此可扼守從麻六甲海峽進入印度洋的航道並控制孟加拉灣，戰略位置十分重要。美國、日本等國一直都對麻六甲海峽的控制權垂涎三尺，印度空海軍以救災為名，直插麻六甲，其戰略眼光可謂遠大。

印度對外國軍事力量進入其「後院」十分警惕，一度還非常「生氣」。這也是它的海軍分外積極的一個戰略動因。印度駐美大使說：「我們有印度洋最強大的海軍；印度洋為何以印度為名呢？它一直就處於我們的勢力範圍之內。西方人常把歐洲地圖放在印度地圖上，來估量印度的國土。即使是印度人也會因德里（Delhi）到杜尚別（Dushanbe）的距離比到其他印度城市近，而感到國家太小。但這次海嘯讓大家真正瞭解了印度疆域。當年繪製印度地圖的英國也沒有料到這一點：印度疆域可以擴展至印度洋。」其控制印度洋的決心和成為全面意義上大國的世界雄心一覽無遺。在全面戰略夥伴關係的大旗下，美國和印度艦隊犁起的浪花，已不可避免地攪在了一起。

印度是亞洲唯一擁有大型航空母艦的國家。印度海軍艦隊副司令指出，「我們已經證明海軍作為一個外交工具完全能夠支援印度的政治和地緣戰略目標……」

從印度外交官和印度高級軍官的話裡，隱隱可以看出印度近年來軍事革新的步伐和雄心。印度在「立足南亞、控制印度洋，爭當世界強國」的國家戰略目標的引導下，正在對傳統軍事戰略進行大幅調整，強調主動出擊，打「有限戰爭」。特別是海軍正向具有遠洋進攻作戰能力的「藍水海軍」轉型，此次海嘯人道救援的表像背後，深藏著其不可小覷的軍事動機。一個全球海洋大國和一個地區大國的衝突，也隱含在海嘯過後的狂風暴雨中。

五、歐盟：政治幼兒的軍事啟蒙

在今天的世界上，正在一體化的歐洲，一直在努力與美國爭奪政治影響力，顯示政治存在，從大戰略的高度服務其政治多極化的總目標。這使得歐盟國家的海軍力量，成為此次海嘯救災的另一個微弱的亮點。

法國是歐盟國家中為數不多的向災區調派大型軍艦的歐洲國家之一。它的一艘直升機航母和一艘護衛艦及1000多名軍人，1月4日從吉布提（Djibouti）出發，10天後抵達蘇門答臘。

英國派出了3艘普通軍用艦隻核架大型軍用運輸機、2架直升機，德國派出了一艘載有2架直升機和45個床位的醫療船，挪威、西班牙、希臘和奧地利則只派出了少量的C130運輸機。

希拉克（Jacques Rene Chirac）力主建立人道主義快速反應部隊，以能夠在全球多個地區執行任務。其潛臺詞是以歐洲的部隊，表達歐洲的政治聲音。歐洲此次救災的軍事表現表明，歐盟真要成為能與美國平起平坐的政治一極，還是遙不可及的事——因為政治的聲音在今天是通過軍艦和戰機的轟鳴聲來表達的。歐盟如果沒有一支隨時可以全球部署的獨立軍隊，它就怎麼也不能稱之為全球性政治力量。海嘯事件證明，和美國的膀大腰圓比起來，它目前還是一個緩慢成長中的政治幼兒，年幼的歐盟想在軍事上與美國或亞洲軍事大國平分秋色還為時過早。

俄羅斯在這次賑災的政治大角逐中幾乎被忽落，其在軍事救災方面的「出鏡」更少。它派出了3架伊76運輸機，甚至不及一直想在地區中發揮重大影響力的澳大利亞：它出動了6架C130運輸機和一艘兩棲戰艦。這次事件反映了俄羅斯無力南顧的戰略窘境和國際影響

力的進一步衰退。

海嘯軍事賑災行動表明，此後很多年，美國仍然是沒有戰略意義上的軍事對手的。美國將繼續快速推進其建立世界帝國的步伐。

不管各國採取什麼手段出於什麼動機，其動用的軍隊基本都是海空力量。一支軍隊應對突發事件的快速反應能力和保衛國家海外利益的大區域行動能力，是一個國家性命悠關的大事，這是此次海嘯事件給我們最重大的啟示。海嘯事件給我們提出了這樣一個命題：面對不可預知的災害（或戰爭）突然威脅我們不斷擴大著的利益邊界，應當建設或擁有一支什麼樣的軍隊？一些強國軍隊的救援行動顯示了海空力量的機動性和資訊時代軍隊的快速反應能力，也再次證明，一個國家的利益不只是局限於本土，一支軍隊的使命也因此不應該僅僅是陸地防禦，軍隊的長程投送能力，應是現代化的重要標誌。

第三章

冷觀「反恐」

喪鐘為誰而鳴：冷觀美國反恐戰爭

2005年的時候，作者就預言美國反恐戰爭必然失敗。和那些被美國話語洗腦的人不一樣，作者始終站在客觀的立場上，冷靜地觀察，比如他認為「恐怖主義是霸權主義的影子」，這就找到了病因，也由此成為本文的邏輯：只要霸權主義存在，恐怖主義就不會消失。

特別是作者提到，美國根本就是打著反恐的幌子，搶佔世界戰略要地和資源，這只會激起更大範圍的恐怖主義。

其實，仔細地分析一下，美國所遭遇的恐怖主義，只是伊斯蘭世界對它的不對稱抵抗而已。而其他國家的恐怖主義，其實是這股針對美國發起的襲擊狂潮捲起的逆流。

如果美國能夠實現和伊斯蘭世界的和解，恐怖主義將會減弱，順便地，其他地方的恐怖主義也將式微。

但是，美國人似乎不這麼看，於是，本文斷言，這也許會是一場愚公移山式的戰爭。2009年來自阿富汗和伊拉克戰爭的巨大爆炸聲，依舊折磨著世界唯一的超級大國。

作者已經在另外的文章中預言，美國在阿富汗快頂不住了。

　　當今世界，誰是唯恐天下不亂的人？是美國。誰是唯恐美國不亂的人？是賓拉登。「9·11」事件四年後，人們普遍的感受是：恐怖主義是霸權主義的影子。自從這兩大黑色的「主義」形影不離地走進21世紀，美國和世界就開始亂成一團，讓好不容易走出20世紀50年核陰雲的人們，又籠罩在新的陰霾之下。

　　2005年9月11日，紐約教堂鐘聲齊鳴。面對當年的廢墟，紐約市長布隆博格（Michael Bloomberg）說，4年來紐約市的反恐形勢依然嚴峻，反恐任務更加艱巨。同一天，大多數美國報紙都含蓄地認為美國未能實現預期的反恐目標。國外的評論則或奚落嘲笑，或尖酸抨擊，讓美國人又一次感到說不出的「痛」。西班牙《起義報》以數位羅列的方式，歷數四年來美國的反恐「成就」：2000年美國本土以外的恐怖組織有43個，2004年有80個；2004年「基地」組織訓練了18000名恐怖分子；2004年全世界共發生651起恐怖事件……

　　還是2005年9月11日這一天，美國廣播公司播放了一盤錄影帶，一名美國籍「基地」恐怖組織成員威脅將在洛杉磯和澳大利亞墨爾本發動襲擊。一名自稱亞當·加達恩（Adam Yahiye Gadahn）說：「昨天，倫敦和馬德里。明天，洛杉磯和墨爾本。」

　　半個月前的8月27日，專門審查美軍基地重組工作的委員會通過投票，同意五角大樓周圍的大部分軍事和情報機構搬到遠離市區的地方。與此同時，美國政府也正在規劃將包括聯邦調查局在內的一些敏感的政府部門，分散搬遷到華盛頓郊區。以確保下一次恐怖襲擊發生時政府能夠繼續運作。

　　所有事情聯繫起來看，給人的印象甚至是：美國在退守。

　　「9·11」剛一發生，美國高層和社會各界就本能地將其與60年前的珍珠港事件相提並論。但是，當年的美國只用了不到4年的時

間，就將珍珠港事件的元兇山本五十六（Isoroku Yamamoto）擊斃，並徹底摧毀了實施這一陰謀的日本聯合艦隊，征服了製造此一陰謀的國家——日本；而現在四年過去了，美國既沒有抓住「911」的罪魁禍首賓拉登，也沒有摧毀他領導的基地組織，甚至沒有改善美國的安全狀況。

曾幾何時，美國高舉著反恐戰旗，從阿富汗打到伊拉克，打散了塔利班和賓拉登，活捉了海珊（Saddam Hussein Abd al-Majid al-Tikriti），並制訂103030戰略，躊躇滿志，準備一年打贏五場戰爭。至今依然對伊朗和北韓劍拔弩張，並在亞太、台海和中亞地區咄咄逼人。

一邊是連續實施世界性的戰略攻勢，一邊卻又在大張旗鼓地構築最後的防線。怎麼解釋這種矛盾的現象？為什麼先發制人的攻擊性戰略和舉世無雙的軍事力量，沒有取得應有的反恐成就，給美國和世界帶來期望中的安全感？

而種種跡象顯示，以賓拉登為首的基地組織比四年前顯得更強大。那麼，在過去的四年裡，美國所謂的反恐到底是怎麼回事？下一步美國將何去何從？這場世界性的較量將如何演變？

一、道高一尺魔高一丈的較量：四年五個回合

如果我們按時間順序，把4年來發生的針對美國及其隨從的主要恐怖事件與美國的應對行動羅列出來，可以清晰地看出雙方的攻防態勢：

第一個回合：2001年9月11日，恐怖分子對紐約發動襲擊；

第二個回合：2001年10月20日，美國進攻阿富汗；

第三個回合：2003年3月20日，美國進攻伊拉克；

第四個回合：2005年3月11日，恐怖分子襲擊西班牙馬德里；

第五個回合：2005年7月7日和25日，恐怖分子兩次襲擊倫敦。

五個回合中，除了美國發動的兩場戰爭以外，基本上都是基地組織在進攻（或反攻）。即使不算伊拉克不分晝夜的襲擊，發生在世界其他地方的恐怖活動，也幾乎數不勝數。美國及其盟國枕戈待旦提心吊膽自不必說，餘波所及，一些親西方的伊斯蘭國家如印尼、土耳其等也未能倖免。

其實，只要將雙方五個回合的較量做一個整體觀察，就不難發現一個奇怪的現象：表面上看起來，美國與基地組織的「拳擊賽」似乎很熱鬧，雙方高聲喊殺，你來我往；但細一琢磨，雙方除了在個別時間——2001年和2003年；個別地點——伊拉克（阿富汗）戰場——短兵相接以外，在其他時間和空間裡，基本上是你打你的，我打我的。擊潰了塔利班和基地分子之後，美國根本沒有窮追猛打，把賓拉登捉拿歸案，從而了結「9‧11」事件的意思；反而別有用心地將軍隊進駐中亞數國，在那裡搞起了顏色革命，和俄羅斯展開戰略角逐，惹得當年大力支持其進攻阿富汗的俄羅斯極大不滿。更有甚者，此後，美國又以反恐為名，進攻伊拉克。這一次連一向對其言聽計從的聯合國和歐洲諸盟友也覺得太過分。賓拉登襲擊美國，美國卻拿海珊試問，讓人不得不感嘆新一屆美國政府外交手法的粗糙和保守分子的厚顏無恥。

這邊美國「指桑罵槐」，那邊基地分子因為美國本土戒備森嚴，一時無從下手，於是就對美國的隨從國們祭起了屠刀。從土耳其、到西班牙再到英國的首都，爆炸聲此起彼伏。由於地理範圍和時間間隔的擴大，使得美國和基地雙方的過招看起來很像隔山打

牛：一些軍事理論家將美國在常規戰場上的軍事行動總結為「三非」——非接觸、非線形、非對稱，其實，基地組織和美國在全球範圍內的戰略對陣，才是真正的「三非」！

利用資訊技術的高度發達，美國已經找到用戰場上的「三非」戰勝軍事對手的方法，但面對無形的對手的戰略「三非」，美國目前尚無法有效應對。美國《紐約時報》日前說，在經過多年鬥爭之後，布希政府終於明白，反恐任務就長期而言除了是一場軍事行動之外，也是一場包括意識形態領域在內的長期鬥爭。現在布希政府正在改變措辭，「反恐戰爭」已經被「反對暴力極端主義的全球鬥爭」這一新術語所替代。美軍參謀長聯席會議主席理查德‧邁爾斯（Richard Myers）表示，雖然目前美軍方承擔了絕大部分的反恐任務，但解決恐怖主義威脅的方法是「更多地採用外交、經濟和政治手段，而不單純是軍事手段」。

從「戰爭」到「鬥爭」，一字之差，反映出美國已漸漸意識到，將單邊主義和「先發制人」軍事打擊作為國家安全策略和反恐戰爭原則，已快要走到盡頭。伊拉克每天的爆炸聲響亮地宣告著，美國只是打贏了一個伊拉克戰役，而基本輸掉了以此為標誌的反恐戰爭。而面對當年必欲除之而後快的邪惡軸心——伊朗和北韓，美國表現出的百倍耐心實際上正無聲地宣告——如德國《每日鏡報》所說——布希主義的終結。今天，美國民眾和學界對反恐前景越來越感到迷惘和困惑，反對伊拉克戰爭運動正在美國興起，大有超過當年反對越戰之勢；同時，由於「卡崔娜」颶風的過於慘烈的破壞，更使美國人對小布希「攘外」勝於「安內」的做法感到厭倦。有人預計，隨著「卡崔娜」颶風的過去，美國政治上將掀起另一場「倒布」颶風。當年老布希（George H. W. Bush）在波灣戰爭中創下赫赫戰功，但仍然被關注自己生活狀況的務實的美國民眾拋棄，

今天小布希又走上乃父熱衷於海外建功的道路。以至於已經有人在悄悄地預言：小布希會在同一片沙漠上重蹈老布希的覆轍嗎？

二、美國反恐的「醉翁之意」

在美國，「9‧11」事件一發生，這個商業國家的領導人和智囊們，就以一種商人式的精明，敏銳地發現這是一個改變世界地緣政治的新機會。正如珍珠港事件給了一個美國充當二戰漁翁，收穫歐洲、亞洲和世界海洋控制權，從而奠定霸權基業的機會一樣，此次高舉反恐的大旗，也必將為美國建立全球帝國，佔領世界地理和政治制高點提供一個完美的藉口。懷揣著這樣深遠的動機，美國向著阿富汗的方向進發了，並很快挺進到夢寐以求的全球戰略要地中亞。本來賓拉登是在阿富汗的崇山峻嶺中，但美國卻生拉硬扯地把海珊與恐怖主義捆在一起，在無法自圓其說的時候又拋出「中東民主樣板」的說辭。從「9‧11」到伊拉克，不僅地理上偏差甚遠，法理上更是風馬牛不相及。此一罔顧民眾鮮血而眈眈於石油──國內政治集團和美國利益的赤裸動機；其捏造、栽贓、強詞奪理的無恥手法；其一意孤行，置聯合國和國際社會的普遍反對於不顧，敢冒天下之大不韙的蠻橫，均為二戰後世界各國所無與倫比。很顯然，從一開始美國就根本沒有把基地組織當成主要對手，其所謂的「反恐」只是醉翁之意不在酒。

那麼，美國的醉翁之意在哪裡？如果說四年前阿富汗戰爭開始時人們還將信將疑，今天，當美國一腳站在中亞一腳站在中東，一手指著伊朗，一手指著北韓，一會示意日本大鬧亞太，一會又對印度頻送秋波的時候，人們應該看出些端倪了。

小布希政府被稱為戰爭政府，上任三年連打兩場大仗。必須指

出，小布希進行的那兩場戰爭並非簡單地是在為自己政府創造「政績」，而是符合美國收穫美蘇當年冷戰成果、全面壓縮俄羅斯世界勢力範圍的大戰略的。南斯拉夫被美國撕碎之後，蘇聯超級大國的「遺體」已被肢解得七零八落，伊拉克、伊朗、敘利亞成為蘇聯留給俄羅斯碩果僅存的政治遺產。趁俄羅斯崛起尚早「一統江湖」，畢其功於一役，將為自雷根（Ronald Wilson Reagan）和老布希總統以來美國稱霸世界的夙願畫一個完美的句號。所以，在美國政客的邏輯裡，不管有沒有生物武器，不管和賓拉登有沒有關係，伊拉克都應該被拿下。只有如此，才能為解決伊朗和敘利亞提供前進基地，為徹底掃除蘇（俄）勢力，打下基礎。總是有些天真的理論家批評美國不放棄冷戰思維，可是，冷戰給美國帶來如此巨大的戰略紅利，而美國尚未完全掠收冷戰成果，它為什麼要放棄這一攸關霸權事業的思維？它不僅不會放棄，在可以預計的時間裡，它仍然是以此思維處理和各大國的關係。俄羅斯是美國主要的現實敵人，不管俄羅斯怎麼對美國表示善意，它都不能改變這個宿命般的定位。因為這是維繫北約的需要，因此也是美國控制歐洲的需要。美國怎麼會為了俄羅斯這一個朋友，丟掉整個歐洲呢？美國寧願忍受俄羅斯是目前唯一有能力在軍事上威脅它的國家。它要做的是，不斷地逼迫、擠壓以至最後肢解俄羅斯。美國進駐中亞和佔領伊拉克以及下一步改造中東的首要目的，均在於此。

美國醉翁的眼中另一個目標是中國。中國的迅速發展是美國的一塊心病。美國唯恐中國乘它遇到戰略麻煩的時候，在台海出手，從而洞穿其精心構築的全球聯盟體系，並進而威脅到其對亞洲的統治地位。不管中國怎樣表示永遠不稱霸，無意挑戰美國主導的國際政治秩序，美國也不肯接納中國為「朋友」，最多是表示不視為敵人。究其原因也和俄羅斯一樣，美國在亞洲也需要一個對手，以維繫美日同盟和美日台、美日韓澳新等諸多聯盟。

美國大戰略的如意算盤是：以俄、中為現實和潛在敵人，從而維繫和控制歐、亞盟國，再利用歐亞聯盟，圍堵、瓦解「現實和潛在敵人」。讓雙方鷸蚌相爭，自己悠閒做漁翁。

美國如此南轅北轍地反恐，除了越反越恐，不會有其他的結果。這已經被今天的事實所證明。對伊拉克的入侵，對阿拉伯國家利益的肆意侵害，不僅促使更多的激進分子投到賓拉登的門下，也使許多生活在西方社會的一些「另類」投身「恐怖事業」。人們只看到美國的阿富汗戰爭和伊拉克戰爭打得有聲有色，而沒有看到在那轟轟烈烈的戰爭場景背後，基地組織的「蓬勃」發展和對美國及其隨從開展的戰爭同樣「有聲有色」，發生在倫敦的爆炸案只是最新的證明。

已經有許多的聲音在指責美國反恐不力。其實人們沒有想到也不可思議的是，也許這正是美國希望的結果。美國的戰略家們知道，基地組織不管怎麼壯大，其實力仍然是有限的，不會對膀大腰圓的美國造成傷筋動骨的危害。一旦恐怖分子大幅削弱或消失，則美國繼續實現國家利益的藉口將不再存在。在全球帝國的征途上，美國下一步要走的棋還很多，它仍然需要反恐這面大旗，因此也需要眾多的恐怖分子繼續成為名義上的敵人。這就是美國雖然在反恐上沒有多少作為，卻拚命推進軍隊向資訊化全面轉型的根本原因。伊拉克戰爭已經證明，美國的隱形飛機、巡弋飛彈、航空母艦在對付恐怖分子時沒有用武之地，但美國依然在加強這些常規軍事力量方面不敢稍懈。關注過伊拉克戰爭的人們都對美國的震懾戰、心理戰、輿論戰和斬首行動、向心突擊印象深刻。但是，所有這些與反恐何干？一個年輕的美國兵野蠻地把年邁的海珊按在地上，擺出美國式的強力姿勢；但是，美國兵真正應該按住的是賓拉登。在最應該展現其英雄主義的阿富汗的深山密林裡，美國士兵在哪裡？

三、美國搬起石頭砸了誰的腳？

像2001年的「9・11」事件一樣，2005年7月7日倫敦地鐵爆炸案發生後，世界一如既往地給予了聲援，同時異口同聲地對恐怖分子進行了道義譴責。但是一位名叫喬治・加洛韋（George Galloway）的英國議員8月5日在接受英國廣播公司採訪時一番即興演講，卻讓全世界聽到了另一種聲音。他說：倫敦爆炸案的製造者的確濫殺無辜，但這與英國參與入侵伊拉克和英國對待阿拉伯世界的外交政策不無關聯，賓拉登和「基地」組織的崛起是西方外交政策的直接產物。「我們的國家在滿世界殺人放火」。他對倫敦地鐵內和「布希空軍在費盧傑（Fallujah）街道上」實施的濫殺平民行為致以同樣譴責。他還說布希是世界上「頭號恐怖分子」，而且布希和布萊爾（Tony Blair）「從數量上看」比倫敦爆炸案的兇手們手上「沾染更多鮮血」。

倫敦市市長利文斯通（Ken Livingstone）7月20日在英國廣播公司(BBC)訪談節目中，也毫不客氣地譴責了美英兩國的中東政策。在回答「你如何看待倫敦炸彈攻擊者的動機」時，利文斯通說：「如果在第一次世界大戰後，西方國家履行對阿拉伯國家的承諾，讓他們能有自主權統治他們的國土，不干預阿拉伯事務，僅是向他們採購石油，而不是控制石油的輸出，我想倫敦爆炸案也就不會發生了。」利文斯通最後說：「如果你的土地被外國人佔領，投票、自治、工作等基本權利都被剝奪，而且長達三個世代，我想如果這種事發生在英國，我們也會有很多人成為自殺炸彈襲擊者。」

兩個英國政治家理性的聲音比那些空泛的反恐議論和道義支援有價值得多。如果美國人早一點有這樣的認識，或許不會有「911」

事件；如果「911」之後美國人多問幾個為什麼，就不會有今天面對更多新的恐怖時的風聲鶴唳草木皆兵；如果美國政府不是以反恐的名義把大批軍隊和資金用於伊拉克，那麼當卡崔娜吞噬新奧爾良時，美國就不會反應如此遲鈍，以至於那裡變成強姦、殺人、搶劫、哀鴻遍野的人間地獄。

這兩個英國聲音的出現證明，全世界再也不願意附和美國的一面之詞了。美國可以在戰場上做到單向透明，但它不能在正義的評判席上也做到單向有理。即使是美國最親密的盟邦，也開始意識到不能繼續毫無意義地為美國的霸權政策付出高昂的鮮血代價了。

四、迎接新恐怖風暴：第四次世界大戰還是核彈？

「你們撤出我們的土地、停止盜竊我們的石油和財富、停止支援腐敗的統治者之前，休想得到安全。」這是2005年8月4日倫敦爆炸案發生之後，阿拉伯半島衛星電視臺播出基地組織二號人物紮瓦赫里的講話。

由於西方長期以來的政策失誤，更由於美國近期自欺欺人的所謂反恐，世界就將迎來新的一輪大規模恐怖襲擊風潮。發生在英國倫敦和埃及沙姆沙伊赫（Sharm el Sheikh）的爆炸只是這一恐怖風暴來臨的一個信號。

如果對四年來世界反恐大勢做一個簡潔形容的話，應該是這樣的：美國進退失據，基地攻勢如潮。

在四年五個回合之後，已經有人在預言第六個回合誰先「放馬過來」的問題了。在美國，一批右翼智囊一直在鼓吹「第四次大戰」。前美國中情局局長、現任當前危險委員會副主席的伍爾西

（R. James Woolsey, Jr.），是這一提法的始作俑者。在前捷克共和國總統哈維爾（Vaclav Havel）和前西班牙總理阿茲納爾（Jose Maria Aznar）已同意主持一次國際會議上，伍爾西在題為「第四次世界大戰：我們為何要戰鬥？ 我們與誰戰鬥？ 我們如何戰鬥」的討論會上，強烈主張向包括伊朗毛拉、伊拉克和敘利亞復興黨及伊斯蘭瓦啥比教派（Wahhabi）(基地組織是該教派的一部分)在內的「伊斯蘭法西斯主義」發動一次世界大戰。平時很少拋頭露面新保守派的教父諾曼‧波德霍雷茨（Norman B. Podhoretz）也特意參加了這次會議。此人更是極力鼓吹以「第四次世界大戰」來應對美國在中東面臨的威脅與挑戰。他稱以色列佔領巴勒斯坦的戰術是「如何進行此類戰爭的一個樣本」，伊拉克戰爭後他建議政府儘早對伊朗展開行動，說「一旦美國改造中東的計劃成功，整個地區的面貌將煥然一新」。波德霍雷茨最驚世駭俗的主張竟然是以色列利庫德（Likud）集團的長期觀點：那些中東國家都是在鄂圖曼帝國衰落後人為捏合而成的，因此「第一次世界大戰後所形成的(國家)可以在第四次世界大戰中被肢解」。

在倫敦和埃及的沙姆沙伊赫爆炸案發生後，「第四次世界大戰」又一次被提起。這是一個非常可笑的偽命題，其荒謬程度與將伊拉克戰爭定義為反恐一樣。故各國政府均不予置評。美國政府雖沒有公開認同這一學術提法，但其令人咋舌的強硬政策比之右翼智囊們的第四次世界大戰卻有過著而無不及。據2005年9月11日《華盛頓郵報》報導，美國五角大樓已起草了一份調整有關核子武器使用學說的文件。文件設想，指揮官在獲得總統批准的情況下，可對一個國家或一個恐怖組織所發動的大規模殺傷性武器攻擊，採取先發制人的核打擊行動。草案還包括使用核子武器來摧毀敵人的核生化武器庫存的方案。

　　美國是越來越讓世界不安和迷惑了。美國天下無敵的常規軍事力量已被證明不適合於反恐，難道玉石俱焚的核彈就能讓恐怖分子灰飛煙滅，讓恐怖主義煙消雲散？

　　果然，看破美國用意的基地組織毫不理會美國的虛張聲勢，以實實在在的行動展開了新一波的血腥襲擊計劃。就在「9・11」四週年即將來臨之際，巴基斯坦的美國速食店發生了連環炸。美國《世界網路日報》，根據美國國會反恐怖和非傳統作戰特種部隊前負責人約瑟夫・波丹斯基（Yossef Bodansky），提交美國政府官員的一份秘密報告稱，「基地」密謀在10月份對美國、義大利、荷蘭和俄羅斯同時發起所謂的「大齋月襲擊」恐怖行動。報導稱，兩周前，情報機構截獲並破譯了「基地」首腦之間的秘密通訊內容，在一封紮卡維（Abu Musab al-Zarqawi）寫給拉丹的信中，紮卡維道：「我想下一步草擬好的襲擊計劃已經送到了你的手中，或者仍在前往你那兒的路上。真主保佑，讓我們祈禱奧薩瑪（Osama）特遣敢死隊能夠完成它們的目標……我們等待你關於下一步計劃的命令。」報導稱，為了發動「大齋月襲擊」計劃，「基地」分別在拉美、巴爾幹半島和車臣境內成立了三個前線指揮部。針對歐洲的襲擊目標是由「基地」組織成員在巴爾幹半島醞釀的，針對俄羅斯的襲擊則是車臣境內的恐怖分子策劃的，而襲擊美國的前線指揮部設在了拉丁美洲一個三國交界的三不管地帶。

　　美國早就知道它自己的強大，但它現在也開始意識到自己的脆弱。美國情報官員最大的擔憂是，「基地」組織可能會喪心病狂，使用從黑市獲得的核子武器襲擊美國。美國情報官員相信，「基地」已經從前蘇聯加盟共和國獲得了至少40枚核子武器，包括核手提箱、核地雷、核飛彈彈頭等。另據美國《華盛頓郵報》9日報導，美國佛吉尼亞州北部城市一名24歲的大學生在沙烏地阿拉伯求學期

間，竟然秘密加入了「基地」組織，並且密謀回國後就雇神槍狙擊手幹掉小布希，或乾脆用「自殺炸彈」將小布希炸成碎片。約旦國王阿卜杜拉二世（Abdullah II Bin Hussein）8日說，「基地」恐怖網路遍佈全球各地，以色列也難防「基地」恐怖網路的滲透。孟加拉警方8日突擊了已被取締的極端組織「聖戰大會」在首都的兩個秘密據點。據路透社報導，其中一個據點是一家工廠。警方稱，他們從該廠中搜出大約200枚炸彈、一些炸彈製造材料、數件武器、面具和宣揚伊斯蘭聖戰的文件。

基地組織同時還在悄無聲息地建立著世界性的網路帝國，通過正風靡世界的資訊技術培養著前仆後繼的隊伍。世界大多數國家都格外關注美國軍隊的資訊化能力和「轉型」，以此作為自己軍隊新軍事變革的樣板，但大家都忽略了基地組織對美國的恐怖襲擊所包含的全球破襲戰的軍事戰略意義。隨著時間的推移，世界總有一天會意識到美國「養虎遺患」的危害——美國的軍事霸權正在「哺育」著這一世界文明的畸形怪胎瘋狂成長。現在基地組織已經掌握了資訊網路技術，一旦他們真的掌握了核子武器或破壞性更大的基因武器，我們現有的一切關於安全的觀念，將全面顛覆。

美國寧肯搬走五角大樓附近龐大的機構，也不想搬動最應該搬也最容易搬的恃強凌弱的霸權政策。美國自20世紀80年代以來所向披靡的軍事勝利的勢頭，在北韓和伊朗面前戛然而止。在這裡，美國失效的不是武器和技術，而是戰略。這是美國真正需要反思的地方。第四次世界大戰的叫囂讓人匪夷所思，看看伊拉克的今天，那種所謂的第四次世界大戰的結局也是可以預期的。歐洲著名的防禦及反恐問題專家、國際戰略研究所所長弗郎索瓦‧埃斯堡（Francois Heisbourg）就嚴厲批評伍爾西等人關於第四次世界大戰的提法；而試圖以核子武器來對付恐怖分子的想法更是瘋狂的，俄羅斯就認為

美國此舉只能鼓勵更多的國家擁有核子武器——伊朗日前已經公開宣佈要與兄弟的伊斯蘭國家分享核技術了。要麼是美國根本就不想真心反恐，要麼美國就是一如既往地另有所圖，美國以如此不切實際的方式，沿著既有的錯誤道路變本加厲地走下去，世界除了看到一輪又一輪恐怖風暴的來臨，還會再有其他的預期嗎？這是一種惡性的互動。美國會得到它秘而不宣的戰略收益，基地組織也會繼續從美國的霸權行動中受益，只是美國及其盟國的平民，以及世界大多數無辜的國家還要繼續付出沉重的代價。

論伊拉克戰爭之持久戰

伊拉克戰爭爆發的時候，作者是中國空軍某指揮學院戰略科研部「伊拉克研究小組組長」，此戰後，作者連寫三文，其中與劉亞洲將軍關於伊拉克戰爭的對話，膾炙人口。這是戰後兩週年，作者就伊拉克戰爭所寫的又一篇文章。此文中作者毫不含糊地斷言「美國正在失敗並且已經失敗了」。到2009年美國公佈宣佈從伊拉克撤軍，結果已經被作者言中。

作者寫軍事評論文章，一是分析獨到，二是總有預測，而且預測基本上都是準的。

美國發動伊拉克戰爭兩週年時，美國自認為尚未擺脫困局，而世界公認的是：美國陷入了伊拉克游擊戰的泥潭。這些看法都沒有準確地反映出這場戰爭的真相。其實，2003年的戰爭只不過是美國和海珊的戰爭，2005年的戰爭才是真正的美國和伊拉克的戰爭。在新伊拉克戰爭中，我認為美國正在失敗並且事實上已經失敗了⋯⋯

一、2003年「結束」的是戰爭第一階段──美國與海珊的戰爭

在那片產生了《一千零一夜》等古老神話的地方，2003年的春天誕生了一個最新的軍事神話：十餘萬的美國及其僕從軍在不到20天的時間，就事實上佔領了一個世界中等強國。

但是，當美國總統大喜過望地當即宣稱戰爭已經結束時，這個「最新的軍事神話」不幸成了真正的神話：2005年3月20日──美國發動伊拉克戰爭整整兩週年這一天，在伊拉克城市基爾庫克（Kirkuk）附近，一隊美軍巡邏士兵遭到炸彈襲擊，1死3傷。路透社立即報上最新統計稱：迄今已經有至少1514名美軍官兵在伊拉克喪生。這是一個極具象徵性和諷刺性的事件，因為再過一個月，就是美國總統宣佈伊拉克戰爭結束兩週年的日子。我不知道這位正在奔向上帝的美國軍人以及此前他的1500多名同伴們，是否相信他們統帥關於伊拉克戰爭已經結束的宣佈。

我以為，並非職業軍人出身的小布希一定搞錯了。當他2003年5月1日宣佈伊拉克戰爭結束時，結束了的只不過是伊拉克戰爭的第一階段。當時，美軍的傷亡是300多人；而「戰爭結束」至今，美軍的傷亡已超過那個數位5倍。

在紀念伊拉克戰爭2週年時，布希說：伊戰是「自由史上一項具有里程碑意義的事件」。但是，這是一塊什麼樣的「里程碑」呢？除了1500多名戰死的軍人，美國的傷殘軍人已超過1萬。戰爭經費已突破3000億美元，而且還在沒有盡頭地增加著。伊拉克已成黑洞。布魯金斯學會（The Brookings Institution）的外交政策分析家邁克爾・奧漢隆（Michael O'Hanlon）說：「美國人需要對這類里程碑式

事件加以注意，因為這是對軍人的犧牲表示敬意以及重估戰略的一種方法。」

美國的下一塊「里程碑」在哪裡？

二、真正的伊拉克戰爭剛剛開始並進入戰略相持

現在小布希總統應該知道，從古至今，戰爭的開始可以是單方面宣佈的，但戰爭的結束從來都不是單方面說了算的。

全世界都承認美國第一階段軍事閃電戰的「輝煌」戰果，並將此作為新世紀的軍事教科書。美國資訊化的軍事體系，令人眼花繚亂的新式武器，當其以餓虎撲羊般的戰爭結果同時展現出來的時候，的確讓世界發出了一陣又一陣驚呼。

但戰爭是政治的繼續，初級階段的軍事勝利，除了戰場上的主動權之外，說明不了太多的東西。它甚至沒有超出60多年前一位中國戰爭大師對一場戰爭的一般性觀察：入侵者的戰略，必將是實施閃電戰。如果我們能堅持三年或更多的時間，對他們來說堅持下去就很難了。說這話的人是毛澤東，毛澤東說的是日本軍。那時是1937年，日本已佔領大半個中國，並雄心勃勃地準備三個月滅亡中國。一片悲觀的亡國論聲調中，毛澤東說，中國的全面抗日戰爭，剛剛開始。

今日的伊拉克情勢，和當年中國抗戰初期的情形，何其相似乃爾——當時的日本軍也攻下了中國的首都，也成立了傀儡政府，日本也一廂情願地宣佈了勝利。但是，日本勝利了嗎？雖然類比這兩場不同時代不同地域的戰爭未必貼切合適，但特殊性包含著普遍性，任何相似的戰爭都必然內含著一樣的規律。看待今天的伊拉克

戰爭，我發現無論是從政治或軍事戰略的角度，都完全用得著毛澤東當年《論持久戰》的觀點。

美國在20多天的初期進攻戰中，擊潰和消滅了40多萬的伊拉克正規軍。但是，在兩年的佔領時間裡，卻「培養」出了20多萬的新敵人，僅僅是出現在全球媒體中的伊拉克抵抗組織就有：「穆罕默德軍」（Mohammad』s Army, Jaish Mohammed)；「統一聖戰組織」（Al-Tawhid Wal-Jihad，「Unity and Holy Struggle」）；「納塞爾軍」（Nasserites）；「伊斯蘭輔助者」（Ansar al-Islam）……多如牛毛的反美武裝除了製造了數不勝數的爆炸事件之外，還在納傑夫（Najaf）、費盧傑、摩蘇爾（Mosul）連續進行了相當規模的城市陣地戰，這是海珊的正規軍所沒有過的軍事表現。

一些西方軍事專家在分析了一系列巧妙的伏擊和爆炸事件後驚呼，針對美國的「典型的游擊戰」已經開始。

反美武裝由於在伊拉克戰爭第一階段基本處於孕育或蟄伏期，幾乎沒有受到美國強大軍事力量的重創，這使其有足夠的銳氣和實力在海珊的正規軍倒下之後，緊接著與美軍展開第二階段的較量。對美軍而言，由於第一階段的勝利來得如此迅速，以至於不得不以主要的精力忙於迅速恢復秩序和清除前政權殘餘勢力。反美武裝正好「趁火打劫」「渾水摸魚」，在這一階段不僅連續實施了綁架人質、打擊重要的具有象徵意義的國際機構駐伊拉克目標——以製造聲勢；還策劃了如對美國國防部長沃爾福威茨（Paul Dundes Wolfowitz）那樣的襲擊事件。就軍事行動的有效性和政治影響力而言，可以說反美武裝旗開得勝。美國在和海珊的對陣中毫無疑問大獲全勝，但和反美武裝的交手中，卻一再失手。這一攻防態勢的轉換，成為我認定今日伊拉克戰爭進入戰略相持階段的主要依據。

但是，伊拉克的戰略相持，既不同於中國當年抗日戰爭，也不

同於越南戰爭時的戰略相持。伊拉克國小，人少，全部國土淪陷，沒有戰略後方做依託，沒有足以消耗掉強大無比的美國實力的綜合資源，故不管戰略相持階段進行多久，伊拉克反美武裝都不會迎來如中國1945年那樣的戰略反攻階段。由於沒有大國長期不間斷的道義和物質支援，沒有一個統一的政治領導核心和相對理想的適合游擊戰的地理條件，伊拉克反美武裝也不會有當年北越那樣的軍事成就。

就是說，戰略相持階段是伊拉克戰爭的最後階段，對於交戰雙方都是。這是鮮血和耐心的較量。西方軍事家評論說：美軍的當務之急，是最大限度地抑制抵抗力量在第二階段的發展，並儘快地將其削弱到第一階段的水平。2003年1月開始的那種攻勢作戰必須繼續……

曾經在美國海軍陸戰隊任職多年的美國軍事專家甘格爾（Randy Gangle）認為，這場曠日持久的游擊戰可能要持續10年之久，需要數不清的生命和資金投入。

可是，真要有這樣一個準確的時間就好了。2004年11月，悲觀的小布希一不小心說出了真話，他說他看不到伊拉克戰爭的盡頭，什麼時候能夠獲得戰爭的徹底勝利，只有天知道……

三、時至今日，誰在「震懾」與「畏懼」？

今天的伊拉克戰爭與兩年前判若兩「戰」，當然不能不引起人們的「好奇」。

伊拉克戰爭進行之日和「勝利」之時，伴隨著全世界的高度注目和美國添油加醋的宣傳，一個名為「震懾與畏懼」的軍事理論名噪一時。這部由美國退役將軍厄爾曼（Harlan K. Ullman）於

1996年完成的研究報告，為國防部長拉姆斯菲爾德（Donald Henry Rumsfeld）所激賞，因此成為此次伊拉克戰爭美軍的軍事戰略指導，因此也成為世界各國解讀伊拉克戰爭的鑰匙。

讓人印象深刻的斬首行動，即是發端於此戰略的戰術行動。

美軍在20多天的時間裡，就粉碎了伊拉克軍隊的正面抵抗。美軍以雷霆萬鈞般的「震懾」，的確讓海珊政府和它的共和國衛隊和其他正規軍事力量感到「畏懼」。伊拉克戰爭初期的進程和結果，幾乎完美地證明了這一軍事理論的實用價值。可以說，這是繼波灣戰爭的「五環打擊」理論之後，美國十年來突飛猛進的技術進步與頻繁的現代戰爭實踐相結合誕生出來的、最適合擁有太空、資訊、遠端機械化技術和力量等巨大軍事「代差」的美國，對其弱小的對手實施不對稱打擊時，以最小的代價、最短的時間、最大的戰果結束戰爭的理論。

就軍事意義而言，「震懾與畏懼」堪稱資訊化時代的「閃電戰」。但「震懾與畏懼」理論和希特勒的閃擊戰理論一樣，都沒有回答戰勝以後的佔領怎麼辦。因此，這兩個理論在相距六十年後，陷入的是同一種困境：長期的游擊戰。

事情已經很清楚：美國現有的以空中力量為主的武裝力量體系，和以長程、精確的空中打擊為主的軍事理論，是為了快速打敗一個國家、而不是為了佔領一個國家準備的。所以，無論是空襲利比亞、空襲波黑（Bosnia and Herzegovina）、南斯拉夫也好，美國的勝利都堪稱輝煌，但在阿富汗和伊拉克美國駐有軍隊的國家，美國的勝利都不是那麼徹底的。李際均將軍評價他們是「勝而不利」。美國已經找到了超越軍事對抗，直接贏得戰場勝利的辦法，但在不簽訂戰爭結束協定的情況下，如何確保勝利，美國還在摸索中。越南戰爭是一場軍事上滿載而歸政治上倉皇失敗的實踐。伊拉克戰爭

又呈現出這樣的「流產」徵兆。美國解決不了這一困擾了整整一代美國人的世紀難題，它就無法僅僅憑它在戰場上所向披靡的軍事力量，真正接近那個誘人的全球帝國夢想。

美國打勝了伊拉克戰役，但不能打勝伊拉克戰爭。我現在不能不遺憾地說，「震懾與畏懼」是一種虎頭蛇尾的理論。它的重大設計缺陷今天是由伊拉克的反美武裝在證明著，明天就會被美國全面的戰略困境所最後證實。

美國現在的情形好比一隻老虎面對一群蠍子的圍攻。

此時此刻，還會有什麼樣的「震懾」可以讓對手「畏懼」？

弔詭的是，倒是伊拉克無處不在的反美武裝在無邊無際的空間和無窮無盡的時間裡進行的沒完沒了的襲擊，正在對美軍和美國產生「震懾」，而透過前線美軍那沮喪的表情和美國高官謹慎的表態，我還看到了一種隱藏得很深的「畏懼」。

可笑拉姆斯菲爾得還在那裡制訂更像現代戰爭三板斧的「103030計劃」。這是對「震懾與畏懼」理論的變本加厲，本質上仍然是一個暴風驟雨式的擊潰或擊倒的學說。一場20天打勝的戰爭，卻在兩年的時間裡，變得前景不明；一場計劃中的70天的戰爭，又將會是怎樣的結果？

四、美國陷入持久戰的根本原因：口號與動機的名不符實

2003年進行的是美國和海珊的戰爭，今天才是真正的美國和伊拉克的戰爭。

跡象表明，美國已準備接受持久戰的現實。2005年1月，拉姆斯菲爾德就派退役陸軍四星上將加里・勒克（Gary E. Luck）前往伊

拉克，「對美軍的伊拉克政策進行一次不同尋常的全面評估」。同時，美軍還將聘請一個智囊機構對世界各國的游擊戰進行研究，估算伊拉克游擊戰持續的時間和美軍的對策。

美國不會輕易撤出伊拉克，正如一隻老虎不願意吐出來已經咽到胃裡的兔子，雖然它很難消化。美國想使伊拉克成為中東民主的樣板。現在這個樣板，在前政權的廢墟上剛剛蓋起了一幢毛坯房，還沒有來得及裝修，美國怎麼會離開？

還有，格魯吉亞玫瑰革命和烏克蘭橙色革命以及吉爾吉斯最近的一系列成功，「蓄勢待發的黎巴嫩雪松革命」等，也給政治和軍事困境中的美國注入了一針強心劑。

一面是最初軍事勝利的激盪，一面是最新民主成就的激勵，美國注定還會在伊拉克的沙漠中堅持下去。

這構成了伊拉克持久戰的第一個前提。

第二個因素是伊拉克方面的。客觀地說，今天的伊拉克戰爭，並不是伊拉克的「人民戰爭」。海珊不是伊拉克全民真心擁戴的政府，這在戰爭初期伊拉克軍隊分崩離析時，多數伊民眾袖手旁觀的情景中可看出。伊拉克人民當初既不願為他而戰，怎麼會在他已經垮臺並做了階下囚之後，反而會為他而戰？

今天，伊拉克仍然沒有一個事實上的政治中心，能夠把四分五裂的伊拉克人民，號召、團結在一個旗幟下，一致對美。這也是伊拉克反美武裝在軍事上不被世界看好的主要原因。

但這並不意味著眼下四分五裂的伊拉克反美武裝在政治上也不被看好。

由於美國入侵伊拉克的動機和目的並非主要為了全體伊拉克人

民，所以，並不是所有的伊拉克人都感激美國。美國摧毀了專制但並沒有秉持正義，其迅速的軍事征服並不等於民心征服。伊拉克遍地的槍聲和爆炸聲，就是戳穿美國謊言的手指。

真正的抵抗剛剛開始——美國人兩年前的戰爭只是在行軍，現在才是作戰。

伊拉克新政府成立後問題如山，但國內矛盾無法掩蓋更不能替代民族矛盾。任何一個伊拉克政府，都不可能永遠使自己國家和民族的利益，長久地服務服從於美國。這一點決定了伊拉克人反對美國的戰爭的必然性。反美武裝也許不一定能打出一個獨立的嶄新的伊拉克，但他們可以把美國統治伊拉克的美夢，打得百孔千瘡。

美國既然堅決不走，越來越多的伊拉克人又不歡迎、不屈服，戰爭除了持久地打下去，還有什麼別的選擇嗎？

五、結果：美國必敗的深層次分析

美國必敗。我毫不猶豫地這樣斷言。

為速決戰設計的戰爭，卻得到了持久戰的結果，從戰略上說，美國已經先輸一著。美國國防部許多官員承認，伊拉克難以對付的叛亂活動令他們始料未及，現在已經破壞了美國的軍事戰略。《洛杉磯時報》說：美國在一場老式的、代價高昂且曠日持久的佔領行動中陷入困境。針對美國在伊拉克戰爭中的戰略失誤，五角大樓正在開始進行全面檢討以制定美國武裝部隊的未來戰略，美軍事實上已經摒棄了同時打贏兩場大規模戰爭的戰略。

除了現行軍事戰略被迫徹底改變，新伊拉克戰爭還對美國的軍事轉型造成釜底抽薪的結果。《華盛頓郵報》報導，一份 2006 財政

年度國防預算內部文件反映出，美國國防的重心明顯從未來武器的研製轉移到了當前的戰爭上。為了滿足陸軍的「樸素需要」(例如坦克履帶和裝甲)，曾經備受國防部長拉姆斯菲爾德青睞的空軍和海軍將被迫放棄一度被視作軍隊未來之所在的某些高科技武器專案的研發工作。其中包括空軍夢寐以求翹首以盼的F/A22「猛禽」戰鬥機專案、秘密的海軍驅逐艦專案、一個現代化運輸機群計劃和下一代核子潛艇研製計劃。甚至總統布希甚為重視的飛彈防禦計劃的經費也將削減50億美元。美國還計劃減少一個航母群。與之相反，到 2011 年，陸軍地面部 隊——拉姆斯菲爾德曾打算裁減其人數並降低其重要性的軍種將得到額外的 250 億美元經費。可以說，是伊拉克反美武裝和他們進行的持久戰，救活了奄奄一息的美國陸軍，但是卻極大地「殺傷」了一直以來擔當戰爭主力的美國空、海軍的未來。這也是算是報了伊拉克戰爭初期的「一箭之仇」。

「血腥和漫長的伊拉克戰爭」（美聯社語）讓駐守的美國軍隊疲於奔命。美軍當年進攻可以摧枯拉朽，但作為佔領軍卻成為廣袤大漠中幾處孤零零的沙丘。有人開出了藥方：如實施有效的佔領需要50萬兵力。但問題是：從哪裡調這50萬兵力？國際上是不會有國家出了，美國自己已經捉襟見肘。在伊拉克戰爭初期擔當主力的第101空中突擊師、第三機械化步兵師和海軍陸戰隊第一遠征隊，已經重披戰袍，再赴戰場；而在頻繁的調動中，美國陸軍後備隊已快「退化成一支支離破碎的軍隊」。

除了軍事上的評判標準，從政治的角度看，美國也正在失敗：沒有找到大規模殺傷性武器，使最初發動伊拉克的理由徹底喪失；而虐俘激起的世界公憤，更在世界範圍內極大地損害了美國的「軟實力」。

最主要的，在1月30日大選中上臺的什葉派（Shiites）不是美國

的「意中人」，而是親伊朗的什葉派——這和美國最初的願望背道而馳。在有些美國人看來，這種結果甚至不如海珊繼續執政。

美國的戰爭聯盟急劇萎縮，趨於瓦解。2005年3月，義大利宣佈從伊拉克撤軍，這使已經或宣佈撤軍的國家增加到14個。法國《費加洛報》評論說：遜尼派（Sunnites）發動的游擊戰給伊拉克造成的不穩定局面成功地讓歐洲出現了懷疑態度⋯⋯繼西班牙、荷蘭、匈牙利、葡萄牙和波蘭撤軍之後，美國人除了英國這個特殊的盟友，依靠的是一些小國如丹麥、斯洛伐尼亞、立陶宛和拉脫維亞的象徵性支援⋯⋯美國被迫在日益孤立的國際背景下繼續自己的任務。

秋風蕭瑟之下，美國政客也頗灰心。新保守派、著名的鷹派人士——美國國防政策委員會主席理查德・鉑爾（Richard Norman Perle）說：在軍事行動開始後第21天就推翻了海珊政權，這是一個勝利，在此之後就犯下了一些錯誤，最大的錯誤就是繼續佔領伊拉克。應該立即把伊拉克還給伊拉克人民。這是迄今最響亮的一聲馬後炮。

全世界的反對浪潮風起雲湧不減當年。3月19日，數千人在美國紐約曼哈頓的中央公園舉行抗議，高呼「這是一場侵略戰爭，」「布希已經用他的所作所為證明了他是一名戰犯。」抗議的聲浪還席捲了日本、中東和歐洲各地。反戰聲中，小布希的支援率一降再降，讓人止不住擔心：伊拉克會成為好戰的共和黨新保守派的政治滑鐵盧嗎？

美國軍隊士氣低沉，前線士兵大批開小差，並起訴美國政府；後方美軍官兵的離婚潮流和逃避兵役以及優秀青年軍官紛紛離開軍隊等等，都嚴重影響著士氣。

局勢越來越糟糕，但形勢還在一天一天地明朗著：時間拖得越久，美國就越難免越南戰爭的覆轍。當年，偉大的毛澤東在越南戰

爭結束後說：如果美國在越南可以被打敗，那它在其他地方也可以被打敗。這句話也適合正猶豫徘徊在伊拉克的美國。如果它最後在反美武裝的槍口逼迫下不得不走，那就不僅僅是個21世紀的軍事笑話而已了，它將承擔嚴重得多的政治後果：美國的軍事威懾將變得不那麼可信。世界將會出現更多的伊朗、北韓、古巴和委內瑞拉，美國辛苦經營多年的全球帝國體系，還沒有成型就將徹底崩盤。

美國當然不會逃脫失敗的命運，但伊拉克反美武裝也不會成為真正的勝利者。他們會從一個暴君手下解放出來，但又將陷入內戰的危險之中。由於這種外力暴烈的、短暫的解放，使其來不及孕育國內和諧和民主的文化和力量。無政府主義必將在相當長的時間，在伊拉克盛行，而這種危險甚至比美國的侵略更加巨大。美國幫助伊拉克除掉了一個魔鬼，卻打開了一個魔瓶。

當年出於對越南戰爭失敗的憤怒和絕望，美國著名詩人金斯伯格（Irwin Allen Ginsberg）寫道：如果一千年以後還有歷史，它將這樣記載：美國是個討厭的小國，充滿了狗雞巴。要是金斯伯格活到今天，他又該怎麼描述那個正在伊拉克戰爭中失敗的「討厭的小國」呢？

附記：

當2009年6月我在整理這篇寫於三年前的文章的時候，美軍作戰部隊，正在整理行裝，準備撤出伊拉克城鎮。美國新政府已經宣佈，將在2011年底撤出所有美軍。這樣，美國人這一仗算是徹底失敗了。它所得到的，只是以數千具屍體和數萬軍人的殘肢斷臂，換取了一系列石油合同和武器訂單而已。它不僅給伊朗除去了一個心

腹大患，還向伊朗連續伸出橄欖枝。它扶持的新政府由於宗教信仰和伊朗一致，因此兩伊關係非常密切。這是美國最不願意看到的，但又不得不看。

美國人要走了，多麼不甘心。伊拉克戰爭檢驗了美國正規軍的軍事能力，但同時卻暴露了美國戰略能力的低下。越戰已經過去了近40年，美國依然打不贏游擊戰。這讓它面對伊朗的軍事選擇時，猶豫再三後放棄了。當年毛澤東在美國從越南撤軍後說，如果美國在越南被打敗，那它在世界任何地方都可以被打敗。

果不其然，正是看到它的這個弱點，北韓變本加厲地開始欺負美國。美國不僅在伊拉克被打敗了，它現在在東北亞也正在被打敗。北韓不僅連續進行核子試驗，還把飛彈對著它的基地射——這就像一個人對著自己撒尿一樣，面對這樣的侮辱，美國的選擇是求助於聯合國。

伊拉克給它留下的教訓，可讓世界琢磨許多年。

血的四年：伊拉克戰爭的證明

這是接著上文展開的，不同的是，作者在這裡開始
講道理了，實際上就是在給美國人上課，告訴美國人，這
個世界上不是什麼地方、不是什麼問題都可以用武力解決
的。

2007年，伊拉克戰爭爆發四週年時。四年來，美國因為伊拉克
戰爭而改變了世界，但伊拉克戰爭也在相當程度上改變了美國。就
在這劇烈的雙向互動中，影響國際戰略格局的一些新跡象出現了。

一、「勝利」曇花一現，美國正面臨越戰式潰敗的前景

關於伊拉克戰爭的最後結局，時至今日，世界輿論的主流看法
已沒有太大分歧：在曇花一現的「勝利」過後，只是美國和美軍撤
出早晚的問題。而關於「撤出早晚」的寓意，布希總統不久前在美
國公共電視臺（PBS）的訪談節目中已經洩露天機：如果現在美國的
政策不變，就會「慢慢地失敗」，而立即撤軍則將使「失敗加速到
來」。2005年當美國駐伊拉克大使館落成時，就有西方外交官譏笑
和當年駐南越的大使館的屋頂一樣，非常適合接運撤退人員的直升
機降落。

首先，美國在伊拉克遭遇到一個幾乎無解的軍事難題。2004年的時候，一個叫威廉・林德（William S. Lind）的美國學者就已經意識到，美國正在進行和即將面臨的大規模戰爭是「第四代戰爭」，而「第四代戰爭標誌著回歸到衝突的文化世界，而不僅是回歸到衝突的國家……在伊拉克進行的戰爭……僅是一根燃向一座軍火庫的導火線……美國佔據伊拉克的時間越長，軍火庫爆炸的機會將越大。如果一旦爆炸，只有上帝才能拯救我們」。美國目前還沒有破解這種新型戰爭的辦法。這不是一道僅僅從軍事上可以解開的方程。布希總統曾於2003年5月1日就宣佈伊拉克戰爭已經「結束」，現在這位從未親自參加過戰爭的總統終於知道，從古至今戰爭可以單方面宣佈開始，但卻不是單方面宣佈結束就可以結束的。從戰爭「結束」至今，已有3000多美軍戰死，受傷人數達2.2萬人。幾乎每死一個美軍，遙遠的美利堅合眾國都要抽搐一下，但伊拉克反美武裝和普通人，已經把戰爭當做一種生存狀態，不在乎時間和鮮血，要打多久就打多久；但貌似龐然大物的美國卻沒有這個底氣。美國總統布希今年1月決定向伊增兵2.6萬。但對於43萬平方公里燃燒著的沙漠來說，這杯救火之水何濟於事？

其次，伊拉克戰爭的「黑洞」正在抽空美國人的錢袋子。據華盛頓戰略與預算評估中心計算，迄今美國投在伊拉克的錢已達到或超過當年韓戰費用的3610億美元，很快將接近越南戰爭。美國的經濟學家已經在爭論，當伊拉克戰爭的開銷超過一萬億美元的時候，美國是不是可以承受的問題。

再次，外交上美國在伊拉克空前孤立，形影相吊。去年3月19日，全世界的反戰浪潮風起雲湧，今年更熾。與這一形勢恰成映照的，是當年浩浩蕩蕩的多國聯盟今天已經分崩離析，超過千人軍隊的國家只剩下英國、澳大利亞和韓國。就是這零星的幾個鐵桿嘍囉

也迫於本國民眾的壓力，表示將儘快撤出。

　　最後，美國現政府在國內也陷入了嚴重的政治困境。始作俑者拉姆斯菲爾德已經「下課」，當年力主發動伊拉克戰爭的其他美國「鷹」們也「眾鳥高飛盡」；美國軍隊已出現捉襟見肘的兵力調動和士氣嚴重低落的問題；國會與政府之間，國會兩院之間，圍繞伊拉克政策已屢次發生爭吵和政策爭執。回想當年美國政府和國會同仇敵愾的氣氛，今天的一切令人不禁唏噓。

　　最近駐伊拉克美軍承認，伊拉克已進入內戰狀態——這就更麻煩了。美國最初入侵伊拉克的理由被自己一一否定之後，現在連這碩果僅存的民主成就也開始風雨飄搖了。美國本已騎虎難下，現在更是進退兩愁。許多美國公眾和美軍官兵抱怨這場戰爭「看不到盡頭」。其實，怎麼看不到盡頭呢？四十年前越南戰爭的痛苦一幕正以「昨日重現」的方式漸次然而迅猛地浮現出來！當美國2004年宣佈海珊倒臺伊拉克新政府成立，響徹伊拉克各地的槍聲爆炸聲不是更稀疏而是更密集的時候，不少人就已經預言美國陷入了越戰式游擊戰的泥沼；到海珊2006年底被絞死而反美武裝氣焰更盛，連美國人也不再懷疑這一預言的可信性。雖然布希曾對一位共和黨大姥表示「即使只有蘿拉（Laura Bush）（第一夫人）和巴尼（Barney）（愛犬）站在我一邊，我也不會撤軍」，只怕形勢比人強。反抗美軍佔領的槍炮聲，像一把頻頻落下的鐵錘，敲打在美國財政滲血的血管上，也敲在共和黨不斷下滑的民意支援率的玻璃板上。白宮發言人約翰德羅（Gordon Johndroe）3月13日曾證實，五角大樓正在擬訂一項最新計劃，以備在目前「大舉增兵」戰略失敗或遭國會「修理」的情況下，將美軍分階段撤出伊拉克。彼得雷烏斯（David Petraeus）承認，單純依靠軍事行動已不能結束伊拉克目前的混亂局面，包括多方政治談判在內的非軍事手段將對伊拉克局勢產生重

要影響。毫無疑問，美國已在為伊拉克戰爭準備「後路」。問題在於，在美國最信得過的軍事手段尚且無效的情況下，「政治談判」又會有多大作用？看來，在體面的失敗和狼狽地潰敗的「兩敗」之間，美國目前還沒有拿定最後的主意。

二、美國錯估形勢迷信武力，再現「紙老虎」原形

美國絞死了海珊，但並沒有絞死伊拉克的反美抵抗；綿延不儘的伊拉克反抗力量雖然沒有力量把絞索套在美國總統的脖子上，但卻在一點點地絞死美國的大中東計劃和單邊主義。如果說越南戰爭的失敗，是因為越南有著社會主義陣營做後盾，有著中國和蘇聯直接的經濟和軍事支援，伊拉克反美武裝力量則幾乎是在世界「反恐」的全面孤立下，和人多勢眾的美國單打獨鬥的。美國無力戰勝對手，完全找不到任何軍事上的藉口。

造成伊拉克大局糜爛、自取其辱的根源，乃在於美國錯誤地判斷了世界形勢。蘇聯解體後，美國以為自己稱霸世界的障礙已除，於是恣意妄為，「9·11」事件發生後，又以反恐為名，大肆掃蕩前蘇聯的勢力範圍，搶佔世界戰略要地和資源，不惜重拾西方殖民者的衣缽。美國前國家安全顧問布熱津斯基（Zbigniew Brzezinski）在聽了布希1月10日關於伊拉克戰爭新計劃的演講後指出：「此次演講反映出對我們所處時代的嚴重誤讀，美國在伊拉克正如一股殖民勢力，但殖民時代已經結束。在後殖民時代發動殖民戰爭是自招失敗。這是布希政策的致命缺陷。」

美國犯的第二個錯誤是高估了自己的軍事能力。憑藉與蘇聯對抗時留下的巨大軍事遺產，美國二十年來打遍全球，其中在南斯拉夫還帶領新「八國聯軍」創造了零傷亡勝利結束戰爭的先例。然

而，細觀之下，這些軍事成就的取得，其實還是當年美軍的老套路。憑藉強大的國力和技術優勢，美軍在現代歷史上一直都善於打拳擊式、對撞型的速決戰。面對一系列牛刀殺雞的高技術局部戰爭範例，世界驚呼美軍資訊化的戰力如何了得，並由此掀起一場新軍事革命。但是，群龍無首、各自為戰、人數不多且完全沒有受過現代戰爭培訓的伊拉克反美武裝，僅僅憑著古董式的輕武器和原始的路邊炸彈，就像針刺氣球一樣地戳穿了當代美軍不可戰勝的神話。不管多麼快速的反應能力和精確導引炸彈，都無法摧毀戰爭的基本規律。由曾經率領101空中突擊師進入伊拉克的美國陸軍學院參謀長戴維‧彼得烏斯將軍，2006年編寫美軍新戰地手冊時，已開始強調「道義力量」，認為「喪失道義合法性，必將輸掉戰爭」，警告駐伊美軍「動用的武力越多，效果就越差……最佳的武器就是不開槍」。可惜的是，美國高層目前似乎還沒有從根本上改弦更張的意思，一些右翼智囊不著邊際地鼓吹攻打伊朗，進行「第四次世界大戰」，五角大樓則還在沉迷於部署全球飛彈防禦系統和實施「一小時打擊全球」計劃。

伊拉克戰爭證明，美國在越南的學費算是白交了，四十年後，美軍不僅依然沒有學會打太極拳式的持久戰，也沒有完全從迷信武力的幻覺中清醒過來。但是，隨著伊拉克戰爭的喪鐘越敲越響，當初好戰的布希政府的確變的「溫柔」多了，這從美國在朝核問題上的一再讓步和伊核問題上的色厲內荏，以及面對查維斯（Hugo Chavez）挑釁性的外交布希高掛免戰牌等諸多方面，都可得到印證。毛澤東當年說，如果美國在越南被打敗，那就說明它在任何地方都可以被打敗。今天美國的對手們就是這樣看待美國在伊拉克的困境的。在美國，它自己可以認為這是適當的政策調整，而在它的敵人們看來，卻是美國已露出「紙老虎」的原形。由於伊拉克戰爭的損害，美國自冷戰勝利以來積累起來的大

國形象已經千瘡百孔。如果它最後在反美武裝的槍口逼迫下不得不走，那就不僅僅是個21世紀的軍事笑話而已了，它將承擔嚴重得多的政治後果：美國動輒在世界上指手畫腳的軍事威懾將變得不那麼可信。

三、世界進入單極化與多極化戰略對峙的轉捩點

伊拉克戰爭是美國政治和軍事力量達到頂峰的標誌，也是美國霸權野心盛極而衰的轉捩點。

2003年以前，世人看到的是氣勢洶洶不可一世的美國，但2006年人們看到的「氣勢洶洶不可一世」的是美國的對手們。如果從整體上觀察，二十年來一直進行全球戰略進攻的美國，現在正在陷入各種反美勢力的全球反包圍。這一切的背後，正是美國軍事信用破產的直接結果。20世紀美國在越南戰場失敗，直接導致全世界民族解放運動高漲，今天歷史似乎又在重演。當年毛澤東說美國「十個指頭按著十個跳蚤，一個跳蚤都捉不到」。現在，美國在伊拉克連反美武裝這一隻「跳蚤」也按不住，更不用說基地組織在全世界的無數隻「跳蚤」和被美國認定為「邪惡軸心」的「跳蚤」。美國的政治和軍事手指沒有十個，而那些現實的和潛在的「跳蚤」卻有數十個之多。

種種跡象表明，自冷戰結束以來已經橫行二十多年的美國單邊主義戰車已經走進了死胡同。與此同時，蘇聯解體後世界格局單極化的政治形態，也終於開始發生逆轉。隨著伊朗、北韓、古巴、委內瑞拉等被美國壓制已久國家的強烈反擊，一直被鎖定為主要軍事戰略對手的俄羅斯也開始對美國「亮劍」。加上老歐洲原有的厭美國家越來越大膽地說「不」，世界上多極化與單極化戰略對峙的

時代，事實上已經到來。美國去年在《四年防務評估報告》中曾經
警告中國、俄羅斯、印度、伊拉克等一大批中東國家、絕大多數中
亞國家和拉美國家處在「戰略十字路口」，前途未卜，值得警惕和
防範，其實正反映美國有心但無力抑制多極化趨勢加速發展的憂
慮。

短期內美國不敢打伊朗

2004年是美國對伊朗動武呼聲最強烈的一年，美國
軍方還透出已制定「將死計劃」，準備快速滅掉伊朗；更
有軍方學者，用電腦類比了全部戰爭過程。幾乎全世界的
戰略分析家都認為美國對伊朗的戰爭箭在弦上。

但作者在《中國國防報》發表文章說：「美國對伊
朗不過是一場戰略心理戰而已。」

一位中國將軍提醒作者此言冒險，萬一美國開戰，
豈不影響自己聲譽？

作者於是又寫下此文，詳解美國短期不敢打伊朗的
道理：如果美國強行開戰，必將把石油價格打到天上，那
樣，俄羅斯將會迅速復活蘇聯。等美國從伊朗撤軍的時
候，一個強壯得多的對手，已經等在那裡。美國的戰略家
會做這樣的傻事嗎？

2004年歲末，當世界進入寒冷冬天的時候，關於伊朗戰爭的
話題突然火爆起來。美國中央司令部司令阿比紮伊德（John Philip
Abizaid）將軍口頭警告「伊朗人不應忽視美國的海空軍力量」，
說「沒有人能從軍事上與美國抗衡」。他甚至提到了美國的核打
擊——這可是一張不輕易動用的王牌。與此同時，美國也以實際行

動向伊朗發出了警告：一是美軍正在距伊朗邊境45公里的阿富汗一側修建大型空軍基地，一是宣佈向伊拉克大舉增兵。素有美軍急先鋒之稱的第82空降師重返戰場，老搭檔101空中突擊師也在準備中。

和山姆大叔的「罵罵咧咧」「擅拳擼袖」相呼應，以色列一位戰略家直言不諱地說：以色列將在三年內對伊朗發動「防禦性戰爭」。不應小看以色列很藝術的軍事表態。這個在兩次波灣大戰中都保持沉默的中東軍事強國，這個慣於以突然行動而不是外交辭令行事的鐵血國家，此時說出這樣的話來可謂意味深長。

伊朗毫不示弱，一連串十分強硬的政治回應之後，是各類軍事演習的頻繁展開，12月3日更舉行了有二十萬兵力和包括轟炸機、大型運輸機、飛彈等幾乎所有重型兵器參加、範圍達十萬平方公里的空前規模的三軍聯合軍事大演習。代號為「神聖追隨者」的演習想定，美軍從伊拉克和海上兩個方向侵入伊朗，伊朗軍隊迅速集結並奮起反擊，打退敵軍。

伊朗民眾士氣高漲。2004年12月2日，約200名蒙面男女在德黑蘭集會，宣誓自願成為人體炸彈，以襲擊以色列和伊拉克境內的美國人。這是伊朗國民特別是青年學生的激情代表。

到了2005年底，一切都更進一步。美國一邊進行著最後的政治斡旋，一邊開始認真的軍事準備。哈佛大學的政治學者已經斷言2007年對伊朗開戰的條件都已經具備；以色列如果不是沙龍（Ariel Sharon）突然中風，調門可能更高。歐盟也開始對伊朗強硬起來。但伊朗不僅沒有絲毫讓步的意思，還幾乎關上了外交解決的大門。

強者蠻橫，弱者倔強。美以的言行和伊朗的態度，似乎在驗證著人們關於伊朗戰爭的猜測，並為這一急劇升溫的焦點火上澆油。人們不由得想到2003年那個不寒而慄的春天。以至於每一個談論世

界政治和軍事話題的人都無法迴避這樣的疑問：伊朗戰爭會發生嗎？會在什麼時候發生？

一、美國、伊朗交惡的由來與美國20年前的大陰謀

問題的源頭要回溯到二十年前。自1979年伊朗發生伊斯蘭革命以來，美伊關係一直勢同水火。為此，1981年美國以高超的國際陰謀唆使愚蠢的海珊發動兩伊戰爭，讓阿拉伯世界最強大的兩大國家力量自相戕殺。此後，伊朗漸成美國夙敵。2001年美國發生「9‧11」事件，小布希總統更將伊朗與已成死敵的伊拉克和早就是世代死敵的北韓並列，宣佈其為「邪惡軸心」，仇視之意，幾近刻骨。2003年美國悍然發動伊拉克戰爭，一反常態以大規模陸軍參戰。項莊舞劍，意在沛公，那時美國就已經在動伊朗的腦筋了。陸軍是美國之「足」，佔領伊拉克除了改換政府的「政治任務」，下一步勢必將以伊拉克為跳板，以各種手段分化、瓦解直至強力掃除伊朗、敘利亞等「絆腳石」，以推行其雄心勃勃的「大中東計劃」。現在正是這個「下一步」漸漸逼近的時候。20年前美國使兩伊互成鷸蚌，今天，這個「漁翁」要走過來揀走已經筋疲力盡的獵物了。伊拉克戰爭剛結束，美國的大拳頭立即揮向敘利亞——當時懷疑海珊藏身在此。戰爭結束一年之後，美國終於回過味來，意識到伊朗才是「兩害相權取其重」的首選。於是，伊朗核問題浮出水面。與這一問題緊接著的是對伊朗動武的議論。熟悉國際事務的人們清晰記得，在伊拉克戰爭之前，北韓核問題就已經暴露出來，但直到今天，美國也沒有在正式場合發表過軍事「警告」，倒是北韓不斷地對美國發出類似警告。不是美國有意「厚」朝「薄」伊，而是在美國新一屆政府的考量上，伊朗的政治、經濟和戰略價值超過北韓，而外交阻力、軍事風險係數卻又大大小於北韓。

二、伊朗戰爭的一般邏輯：美國到了肢解蘇聯收穫冷戰成果的時候

世人關於伊朗戰爭的「期待」和擔心，是有道理的：一則好戰的美國小布希政府連任，使其先發制人的戰略和改造中東的危險計劃得以繼續，鷹派色彩強烈的賴斯接任國務卿，只會為馬力強勁的美利堅戰車加大「油門」。小布希政府被稱為戰爭政府，上任三年連打兩場大仗。乘勝追擊再下一國，為本屆政府錦上添花的誘惑實在巨大。特別應該指出，小布希進行的那兩場戰爭並非簡單地是在為自己政府創造「政績」，而是符合美國收穫美蘇當年冷戰成果、全面壓縮俄羅斯世界勢力範圍的大戰略的。南斯拉夫被美國撕碎之後，蘇聯超級大國已被肢解得七零八落，伊朗、敘利亞成為蘇聯留給俄羅斯碩果僅存的政治遺產。趁俄羅斯崛起尚早「一統江湖」，畢其功於一役，將為自雷根和老布希總統以來美國稱霸世界的夙願畫一個完美的句號。所以，在美國政客的邏輯裡，不管伊朗有沒有核問題，它都應該被「消滅」，核問題只不過為美國提供了一個很好的提前動手的藉口。同時，攻滅伊朗，還有從石油上遏止中國、控制歐盟的戰略效益。有此諸多戰略上的好處，為什麼不打？二則以伊拉克戰爭得勝之師大軍壓境，虎視眈眈，當前美軍對伊朗的軍事態勢空前有利，且有鐵桿盟友以色列拔刀相助，軍事勝利把握很大；三則唇亡齒寒，伊拉克滅亡，伊朗頓失前敵。而目前國際政治格局失衡，沒有任何外部力量可以阻止美國，更沒有六十年前西班牙內戰時主持正義的國際力量武力介入的氛圍，伊朗只能面臨孤軍奮戰的困境。「小敵之堅，大敵之擒也」，結果不問可知。伊朗既滅，敘利亞將成美以囊中之物。正是看到這一世界政治寒冬的冷酷事實，12月19日古巴全國舉行了「2004戰略堡壘大演習」。在空襲

警報的迴盪聲中，400萬古巴人軍民展示了「抵抗和戰勝帝國主義入侵的能力」。

三、軍事打擊伊朗的強烈呼聲和具體計劃：會出現伊拉克戰爭的翻版嗎？

鑒於此，一些歐洲和美國人在堅信美國軍事能力的同時，也毫不懷疑美國的動武決心，甚至設想了攻打伊朗的三種具體方式：「斬首領導人」、「清除核設施」、「推翻伊朗政權」。美國著名的軍事情報網站「全球安全資訊網」更刊登了一篇繪聲繪影的分析報告說：美國或以色列空襲伊朗的規模，應與2003年美軍對伊拉克的空襲類似，以B2隱形轟炸機和F117隱形戰鬥機，同時對伊朗展開立體式的猛烈轟炸。前美國國家安全委員會官員麥德森（Wayne Madsen）透露，布希政府已經確定了具體打擊目標：位於波斯灣畔的布希爾（Bushehr）核電站、位於中部的重要核設施、伊朗最高領導層成員以及德黑蘭等地的伊朗軍隊指揮部。最新一期的美國《大西洋月刊》報導說，美國國防部已完成了摧毀伊朗核武計劃的類比戰爭演習。計劃設想對伊朗的戰爭將分三階段進行：先對掌管著伊朗的核和飛彈專案的革命衛隊基地進行一天時間的空中打擊，然後對300個可疑的伊朗非常規武器地點和支援設施進行空中打擊；第三階段，美軍從伊拉克、波斯灣北部、亞塞拜然（Republic of Azerbaijan）、阿富汗和格魯尼亞（Georgia）四個方向同時進入伊朗，兩個星期包圍德黑蘭，扶持一個親美政府上臺執政。

從白宮傳出的消息還說，一旦開戰，以色列轟炸機將攜帶美軍提供的巨型掩體炸彈，同美軍一起攻擊伊朗。

這幾乎就是伊拉克戰爭的翻版。事實上這也是美國和以色列最

拿手的現代戰爭方式：空中打擊為主，快速地面佔領。

一些較有影響的美國政界和軍界人士也極力鼓吹對伊朗動武，認為錯過2005年，伊朗的核設施將開始運行，美國軍事打擊伊朗的「時間之窗」將會關閉。

此情此景和一年前的此時此刻驚人相似：作為美國戰爭機器中重要部分的輿論系統，先行預熱和啟動，甚至連炒作話題也和發動伊拉克戰爭時別無二致。

但是，歷史真的會重現2003年伊拉克戰爭的一幕嗎？

四、清晰而堅硬的「美國猶豫」：投鼠忌器與力不從心

和大多數西方軍事理論家的預言相反，我以為美國目前對伊朗採取軍事行動的機率很小，特別在今年不現實，尤其是第三種全面入侵的極端方式幾乎就是不可能的——除非美國瘋了。美國越是說得煞有介事，越是讓人覺得虛張聲勢。拂去慣於遮蓋真實意圖的美式戰略煙幕，可以看到沙漠瓦礫一樣清晰而堅硬的「美國猶豫」：

首先，伊拉克問題遠沒有達到「解決」的程度，美國這只超級老虎的肚子裡，裝不下兩頭「沙漠駝鹿」。慘烈的費盧傑之戰和巴格達每天不絕於耳的爆炸聲證明，它還需要足夠的時間消化伊拉克。伊戰以來，美軍傷亡已經超過一萬餘人，而這個數位還在沒有盡頭地增加著。伊拉克反美武裝的戰鬥意志和能力，極大地影響著美國的戰爭意志和新的戰爭計劃。12月20日在白宮舉行的年終新聞發佈會上布希承認，面對伊拉克殘酷的死亡場面，美國人的信心動搖了，「炸彈襲擊者顯然起到了作用」。美國一手策劃的伊拉克大選尚未開始，其國內宗教和民族衝突的內戰苗頭已現，「黎巴嫩」

（Republic of Lebanon）化當然是伊拉克人的不幸，那又何嘗不是美國「中東民主化」的失敗？也許白宮主人和五角大樓的將軍們不能不屑一顧。在此之前，美國對伊朗採取大規模軍事行動——特別是入侵和佔領，會不會使伊拉克國內的什葉派拿起武器支援伊朗，從而徹底攪亂伊拉克局勢，使兩伊變成一個戰場？而如果美國採用前兩種規模有限的「外科手術式」空中打擊行動，整個以色列和大部分美國在中東的軍事基地，將面臨著伊朗彈道飛彈的有效反擊。伊朗沒有核彈頭，但是有化學武器。這種反擊，完全存在著使戰爭迅速升級的可能，從而使美國的雙腳都陷在兩伊酷熱的沙漠裡。那些蒙面的伊朗男女「自殺炸彈」，提前昭示了美國國際反恐「越反越恐」的悖論。普京幾天前在印度指責伊拉克已成恐怖分子的「孵化」基地，進攻伊朗，其實是「孵化」基地的再擴大。而美國借世界反恐之名行自家霸權之實的真面目進一步顯露，霸權主義製造恐怖分子的事實愈加明晰，將帶來怎樣的國際反彈？已經有報導指出，13個國家將在2005年初或儘短的時間裡，從伊拉克撤軍，伊戰聯盟正面臨徹底解體。此時，若美國冒天下之大不韙再打伊朗，會有多少國家附和？戰爭是政治的繼續，而不僅僅是軍事上的勝利行動，這是美國的戰爭計劃者不能不考慮的。

其次，以色列參戰，將在阿拉伯世界引起怎樣的民族反應？新仇舊恨，拔出蘿蔔帶出泥。

最後，伊朗人口七千多萬，是伊拉克的三倍，165萬平方公里領土且擁有完整的常規軍事力量和大規模殺傷性武器。伊朗經濟強勁，其國內政治基礎鞏固，同仇敵愾。美國在對伊拉克發動戰爭之前，已對其進行了十二年制裁，又借聯合國核查之名翻箱倒櫃，把伊拉克的每一個角落都偵察得一清二楚。但所有這些戰爭之外的巨大優勢，美國目前對伊朗都不具有，美軍根本不能指望以現有屯駐

中東的兵力兵器發起進攻，會出現伊拉克戰爭時摧枯拉朽的場景。對這樣一個未知數尚多的對手實施風險巨大的戰爭行動，美國現有的軍事準備遠遠不夠。此外，伊朗國際形象也遠非海珊時期的伊拉克可比，一些安理會常任理事國出於切身利益和國際道義的考慮，更加不會使美國圖謀輕易得逞。美國願意再付出一次類似歐洲分裂的國際政治代價嗎？

除此以外，烏克蘭的政治問題幾乎使美歐、俄重開冷戰，而賓拉登的「核」反擊已獲得宗教允許；台獨得寸進尺，欲拖「大叔」下水等等煩惱，也都是讓美國分心的地方。

這還不算美軍逃兵在加拿大政治避難、前線士兵開小差、集體起訴美國國防部等等後院「火警」。

「故國雖大，好戰必亡」。美國已經有二十多年的時間沒有記起越南戰爭的往事了。連續的高技術局部戰爭的勝利，沖昏了某些美國軍人的頭腦，也使不少美國的右翼政客產生了近似狂妄的技術迷信。他們已經習慣於看著別人血流成河把玩零傷亡和低傷亡的巨大勝利。也許只有美國的鮮血才能讓他們自己清醒過來。伊朗就是一個可以讓美國流血、流很多血的地方。我不相信精明的美國沒有意識到這一點。

五、美國會在什麼時候以什麼方式解決伊朗？

美國肯定有著搞掉伊朗的意圖和決心，但不是立即，更不會首選軍事手段。利比亞不戰而勝的樣板對美國有著不能忽視的心理期待效應，另外，美國解決伊拉克問題的長期經驗，也完全適用於伊朗。我的判斷：美國將會施加包括國際社會的輿論壓力、外交圍困、經濟制裁和軍事威脅在內的綜合壓力，以促使伊朗從現有立場

退步，先凍結其核計劃，然後再相機逐步削弱伊朗的綜合實力。在
伊拉克問題獲得基本解決的時候，美國在保持國際政治高壓和經濟
制裁的同時，可能會對伊朗採取有限的軍事行動，以削弱伊朗國家
力量。待伊朗虛弱、孤立得和伊拉克類似的時候，那時才是一舉使
用武力徹底解決伊朗問題的時機。美國現在所做的一切，不過是一
場戰略心理戰而已，是對伊朗長期圍困性綜合戰爭開始的前奏。這
是一個沒有刀光劍影卻又暗隱深沉殺機的序曲。它不值得焦灼，但
不應該忽視。

即將打破蘇軍紀錄：美國還將在阿富汗挺多久？

美軍在阿富汗苦寒的山溝裡已經9年了。當年蘇軍正是在第十年的時候，收拾行囊，扛著屍體和骨灰盒倉皇離去的。美軍還會堅持多久？

和蘇聯一樣——蘇聯入侵阿富汗是為了進入印度洋，美國打阿富汗是為了控制中亞的裡海油氣田。阿富汗的軍事力量，和兩個超級大國的軍隊從來不在一個級別上，但是，蘇軍已經失敗，按照作者的觀點，美軍也必將失敗，這是因為阿富汗民眾已經把戰爭當作一般生活狀態。他們可以祖祖輩輩打下去。哪支軍隊可以做到這一點？

從軍事上說，塔利班（Taliban）都是不穿軍裝的軍人，這讓那些昂貴的現代化武器系統，事實上無所用之。儘管美國目前還在向阿富汗增兵，但那些跟著美國人到處挨炸彈的歐洲人，似乎已經有點支援不住了。這和伊拉克戰爭後期的情況一樣，正是因為眾盟友的紛紛散夥，最後徹底影響到美國的戰爭決心。

美軍在阿富汗已經進入第九個年頭了，幾乎肯定要打破蘇軍在阿富汗堅持十年的紀錄。

對於基督教世界來說，2008年耶誕節來臨前的這個冬月是百年

來最寒冷的。先是12月3日孟買（Mumbai）大爆炸四百餘人傷亡，作為追隨美國的代價，印度流下第一滴血；接著是12月7日，塔利班武裝襲擊巴基斯坦白夏瓦市（Peshawar），燒燬駐阿富汗北約聯軍後勤轉運站160多輛軍車。這是兩個互相關聯、遙相呼應的事件。美國已經知道，策劃孟買襲擊的武裝分子，得到了塔利班或「基地」組織的援助，加之正規軍後勤線幾乎同時被大規模攻擊，說明中南亞地區潛伏著巨大的恐怖襲擊「能量」。迄今為止，美國自2001年在世界展開的反恐戰爭，一直是在兩大地域——阿富汗和伊拉克，兩大戰場——正規的軍事戰場和本國及盟國城市。但是，12月初一周內的兩大事件讓人們看到美國在兩大反恐戰場，同時遭遇重創。

如果我們稍放大一下視野，再看看伊拉克，還能感到更刺骨的寒意：美國已經和伊拉克政府簽訂協定，答應在2011年以前全部撤出；而英國將先走一步，2009年6月全部撤出伊拉克。遙想當年小布希政府左右開弓，大軍摧枯拉朽好不威風。僅僅8年過去，兩大戰場中戰績最輝煌的伊拉克即將鳴鑼；而曾經佔儘優勢的阿富汗戰場，現在又噩運連連。不要小看了白夏瓦的大火。讓我們想想中國歷史上的官渡之戰，一支小軍竟敢斷一支大軍的糧道，這其中包含著什麼喻示？曾經在世界上耀武揚威20多年的美軍，曾經在十年前科索沃（Republic of Kosovo）戰爭中不可一世的北約大軍，面對一支只有輕機槍和火箭筒的非正規軍，竟然連自己的後方都保護不了，這又表明了什麼呢？如果聯想到今年7月初，3架「支奴干」軍用直升機被塔利班完整劫走，反覆搜索仍蹤跡全無；8月，塔利班一次伏擊擊斃擊傷31名法軍，讓愛出風頭的薩科齊（Nicolas Sarkozy）趕到阿富汗弔唁；11月，武裝分子劫持「悍馬」，並開著它耀武揚威地兜風，燒燬12輛美軍後勤卡車。今年以來，塔利班重新掌握南部重鎮坎大哈（Kandahar），並不斷「北伐」，在距離首都喀布爾（Kabul）幾十公里的地方設置據點，切斷從喀布爾到阿富汗南部

地區的道路交通，並搶奪大量軍用物資；阿富汗現任總統卡爾紮伊（Hamid Karzai）也不得不私下和塔利班展開談判……就忍不住想到阿富汗正發生著重大的戰略轉折：塔利班在發動反攻！孟買和白夏瓦襲擊事件表明，塔利班已經將阿富汗戰爭擴大到了印度和巴基斯坦。

讓我們的視野再放大一些。2008年8月發生的俄格衝突，迅速演變成俄美（西方）戰略對峙，美國至今處於下風；而金融危機不合時宜的爆發，則讓美國多年來咄咄逼人的政治、軍事氣勢幾乎洩盡。有人在說伊拉克戰爭和阿富汗戰爭是美國最大的爛賬，「次貸」只是金融危機的導火索而不是炸藥包。其實，兩大戰場的頹勢和金融危機是互為因果，並在惡性循環著。很多人都被美國和歐洲在金融危機中的手忙腳亂迷住了眼，但基地組織和塔利班卻敏銳地發現這是一個趁火打劫的戰略良機，於是疊出重手，忙上添亂、火上澆油，讓美國焦頭爛額。僅憑這一點，就可以看出基地組織和塔利班是一個不可小瞧的「狠角色」。當年靠著2美元的水果刀製造出「9‧11」驚世駭俗事件的恐怖分子，又一次讓世人大開眼界。

毫無疑問，這兩次事件在全球軍事和政治領域的非主流舞臺上，悄悄地展現了出了一個基本明確的態勢：那就是美國8年前領導的反恐戰爭，正在全面持久戰中敗下陣來。觀察美國反恐戰爭，最容易陷入的誤區就是直接對比雙方的軍事力量。這已經導致西方傳統軍事學原理，無法解釋目前伊拉克和阿富汗戰場「弱攻強守」的「反常」現象。由於美國和西方長期把持世界話語權，反恐的口號下掩蓋了太多的真相。現在是該適度還原世界本來面目的時候了。

如果把政治、軍事和其他所有要素聯繫起來看，美國及其率領的西方軍隊，在伊拉克和阿富汗進行的戰爭，本質上就是一場充滿宗教和文明衝突意味的「新十字軍東征」（布希在伊拉克戰爭之初

曾脫口而出這句話）。雙方對陣的每一個「戰士」背後，都站著無形的文明、信仰。綿延幾百年的十字軍東征無功而返的歷史，已經證明了這種「文明」和靈魂層面上的戰爭只有血腥殺戮而沒有最後征服的結果。拋開種種遮掩可以看出，今天兩個戰場上戰爭的實質正是無形的靈魂與信仰之戰，武器只不過是雙方的戰場「道具」。近代史上西方靠著武器的先進幾乎佔領了全世界，而正是因為遭遇到「靈魂」陣地的阻擊，西方軍事力量始終無法完成在伊斯蘭文明地區的征服。只有這樣才能解釋，美軍和北約聯軍，雖然在現代化武器系統上先進於伊拉克反美武裝、塔利班和基地組織好幾代，但卻不能戰勝對手，還導致美軍和北約聯軍目前在正規軍事戰場，由最初的攻勢漸漸轉為守勢和防不勝防。

在「精神」這個根本原因之外，是軍事上的其他基本規律在起作用。首先，美國和北約聯軍沒有遵循「兵貴勝不貴久」的古訓，勞師遠征陷入持久戰，以致師老兵疲。美國和北約聯軍昂貴而龐大的武器系統，對於分散且平民化的對手無所用之，其對國力耗損巨大的弱點卻暴露出來，而後者無此顧慮，一個失血的巨人和一個健康的小孩捉迷藏，誰能玩到最後？由於阿富汗苦寒貧瘠，美國和北約聯軍無法因糧於敵，必須自備後勤，這就給對方以可乘之機，反成軟肋。其次，美軍和北約聯軍為維和而來，而伊拉克反美武裝、塔利班和基地組織，皆以戰爭為生存常態，前者以生為要，後者視死如歸。雙方的意志力誰更持久不用比較即可分出。前者必須經常輪換，而後者可以祖祖輩輩打下去。誰更適應戰場的物理環境和心理環境？「適者生存」的規律在這裡意外地發揮著作用。有這樣一個資料：今年塔利班通過鴉片貿易獲利5億美元左右──這可是在全世界封堵下完成的。這就是塔利班「生命力」頑強的證明。一方面是美軍和北約聯軍後勤不濟，一方面卻是自己的自給自足。

　　現在看，美軍和北約聯軍在伊拉克和阿富汗戰場當時都犯下了同一個戰略錯誤：只有擊潰，沒有殲滅。這等於只搗毀了「老鼠窩」，而把「老鼠」趕了出去。在「精神」的凝聚下，這些「老鼠」又重新集合併繁殖發展，捲土重來。但這也是一個無法避免的戰略錯誤：美國和北約聯軍的強大軍事力量，並不是為這種「隱形敵人」準備的，正如高射炮可以打飛機但不能消滅蚊子一樣。新任美軍駐伊拉克司令已經意識到只憑軍事手段無法解決問題，而我認為，美國人很快也將意識到阿富汗戰爭可能更麻煩。

　　跳出對陣的雙方看，伊拉克戰爭也好，阿富汗戰爭也好，其實都是直接服務於美國全球大戰略的「戰略性戰爭」。前者是出於拔除俄羅斯國際政治據點，控制石油打壓歐元的所謂「大中東計劃」，後者則是為了提供駐軍中亞的介面，以推動北約東擴，擠壓、肢解俄羅斯的大戰略目的。從這一宏觀視角解讀，不難判斷美國下一步的戰略動向：由於伊拉克戰爭已經部分完成戰略目的和應對金融危機的急需，美軍將在幾年內逐步撤出，但將留下重返機制；而在阿富汗，儘管局勢惡化，美軍不僅不會撤出，還會大力加強。這是因為隨著俄羅斯的迅猛復興，美國已重新把俄羅斯確定為主要戰略對手，今後一切戰略的核心，都將圍繞俄羅斯來設計，格魯吉亞衝突和目前打壓石油價格的舉措已經把這一趨勢展現出來。作為主要角力的舞臺，中亞和東歐的戰略地位將日益凸顯，因此阿富汗的反恐大旗，不僅不會因為塔利班的反撲而倒下去，反而會因此更高的豎起。歐巴馬還沒有上臺，就宣佈將增兵阿富汗4000人。這點兵力對於眼前的戰爭形勢只不過杯水車薪，但這是一個政治信號。美國可能已經知道，它在軍事上贏不了塔利班。但美國的著眼點本來也不在塔利班，它要的只是阿富汗戰爭為它提供的政治和地理的「戰略支點」，以「項莊舞劍」。如果只是單純的美國和北約聯軍對塔利班和基地組織的戰爭，8年的時間不算短，再有4年阿富

汗戰爭的時間就將超過越南戰爭，有著慘痛教訓和商人化實用主義
的美國，在金融危機的當口不會不考慮撤軍問題。但出於遏制蘇
聯復活，策應獨聯體加入北約，統領北約和歐洲的美國大戰略考
慮，美國決不會推倒自己千辛萬苦壘起來的阿富汗——中亞——東
歐——北約多米諾骨牌的第一張。儘管它心裡非常清楚自己正走在
當年蘇聯折戟沉沙的老路上。

由於美俄戰略較量不是一朝一夕可以決出勝負的事，可以肯定
地說，美國和北約聯軍的阿富汗戰爭還要繼續打下去。最近美國準
備把北約聯軍後勤基地轉移到中亞的考慮，就證明了這一點。美國
可以從伊拉克的泥潭裡拔出自己的一條腿，但還將在阿富汗滾燙的
釜底上咬著牙堅持。美國到底能站多久？喜歡說變革的年輕的美國
新總統也許會給世界一個說法。

2009年：世界軍事主舞臺不在中東而在中亞

　　這是一篇全景展望式的文章，發於2009年初的上海
《第一財經日報》上。其時，中東戰爭正打得熱火朝天，
但是作者卻斷言本年度世界軍事舞臺不在中東，中東現在
的一切都是在拉開大幕，真正的舞臺在中亞。就像拳擊比
賽，重量級選手上場之前，先有幾個羽量級的選手上場活
躍一下氣氛一樣。而今已臨歲尾，作者的預言已可以印
證：俄美幾個回合過後，美國已宣佈放棄在東歐部署反飛
彈系統，而俄羅斯也同時宣佈撤銷部署瞄準美國反飛彈基
地的飛彈。這些舉措看似風平浪靜，其實比中東那種血火
硝煙深刻得多。

　　同一時間，北約最高司令警告說：北約可能與俄羅
斯在北極發生戰爭；而俄羅斯立即修訂軍事學說，毫不含
糊地說要首先使用核子武器，而且只要是自己的朋友請
求，俄羅斯將毫不猶豫地使用軍隊。

　　兩個小孩打架沒有多少人擔心，要是兩隻老虎怒目
而視並且躍躍欲試，那人們會是什麼感覺？

　　中東和中亞的情勢類此。

以色列與哈馬斯打得起勁，還發起了地面戰。可以說以色列拉開了2009年的世界軍事大幕。但遺憾的是，這一年的軍事主角，卻不會是它。隨著以色列開始地面戰，這場以搜尋哈馬斯戰術飛彈為目的的戰爭，也就接近尾聲了。不因為別的，就因為以色列害怕打持久戰。而地面戰最容易導致持久戰。在對哈馬斯和真主黨的前兩次地面戰中，以色列都吃了虧。所以，以軍以坦克擴大一下空中轟炸效果，嚇唬一下哈馬斯，撞撞、壓壓，就得趕緊走。不然，哈馬斯就會從廢墟中鑽出來，其他外援的武器或基地組織也可能會鑽出來，那以色列軍就難以脫身了。別看以色列人說的硬氣，不打服哈馬斯不撤軍。兵法講「合於利則行，不合於利則止」。它的坦克在加沙（Gaza）轉一圈就得回去。由於哈馬斯軍事反擊能力有限，更由於巴勒斯坦人的分裂，哈馬斯不會追擊。以軍一走，戰事就結束，以後就轉向外交扯皮。連帶地，2009年世界軍事開幕式同時結束。俄羅斯有軍事專家說，這場戰爭會引發世界大戰，日本有軍事評論員也說會引發第五次中東戰爭。我認為都不會。首先，以色列沒有挑起地區乃至世界大戰的意圖，這也是美英支援它的原因。美國政府交接在即，新中東政策正在醞釀之中，美國不允許、以色列也不會此時攬局。以色列此戰就是要把哈馬斯手上的飛彈摧毀掉，免得它用來轟擊以色列的核設施和核子武器庫，這是致命的危險。它並不想將戰火擴大到其他地方。而以色列在中東的主要對手之一的敘利亞，既無戰勝以色列的實力，更無和以開戰的打算。伊朗和美國及西方的問題還在糾纏中，對以色列加倍提防，雖然嘴上強硬，但實際上更不願意主動招惹以色列。敘、伊不打，誰會動手？以色列正是看到中東無人管，國際上還有人支援自己這一點，所以，放手大打哈馬斯，其猛烈和血腥程度為歷次中東衝突所罕見。正是由於沒有外力介入，所以此戰來得快，去得也快。

南亞，印度對巴基斯坦氣勢洶洶，劍拔弩張。但我斷定，它

不敢打。別看它裝得跟真的一樣，中國特使去調解它還故意不接待。其實，真放開了它，它也就洩氣了。原因很簡單：雙方都是核國家，不會最後分輸贏的。再說，打巴基斯坦師出無名。孟買是恐怖分子幹的，怎麼能讓巴基斯坦政府負責呢？印度強行開戰，只能對美國在阿富汗的行動釜底抽薪。巴軍再也顧不上幫美軍打塔利班了，所以美國不同意印度打。印度敢不給美國面子嗎？印度的戰略是在大國間搞戰略投機，和美國鬧翻，不符合這一戰略。這是第二層意思。第三，它還要看看鄰居幹不幹。城門失火殃及池魚，印度應會三思。總之，印度就是擺個樣子給它的老百姓看看而已，平息一下公眾的怒氣，然後找個臺階下。所以，印度那邊也不是2009年的主要軍事舞臺。

真正的軍事舞臺在阿富汗。這是由美國的既定戰略決定的。歐巴馬還沒上臺，其對外戰爭政策已露端倪：那就是從伊拉克撤軍，向阿富汗增兵。從拔掉俄羅斯世界戰略據點的意義上說，美軍在伊拉克已經完成使命，但中亞事關美國和北約戰略全局。美國的既定目標，是成為世界帝國。為此，必須首先包圍和削弱當今軍事實力最強，最有成為超級大國潛力的俄羅斯。美國近年來的顏色革命、在中亞國家駐軍、北約東擴、在東歐部署反飛彈系統，俄格衝突引發俄西對抗等，都是美國大戰略下合乎邏輯的展開。這個過程剛進入短兵相接的階段。美國這一階段的目標是把格魯吉亞和烏克蘭等拉入北約，徹底肢解獨聯體，然後繼續圍裹俄羅斯。美國在阿富汗的軍事行動，就是為它的中亞戰略提供介面的。如果我們回顧一下21世紀的短短8年可以看到，正是以反恐為名的阿富汗戰爭，使美軍進入了中亞；而上述的一切變化，正是始於美軍進入中亞之後。2008年俄羅斯全球發飆，戰略轟炸機和航空母艦全球巡航，還跑到美國後院演習，鬧得世界上「冷」風嗖嗖。美國政府更替，但設計國家利益方面，是不會有大的調整的。雙方在中亞的較量將繼續。

而這一背景，決定了阿富汗的戰事還將繼續。

阿富汗來說，最近兩年來，塔利班反擊力度空前，佔領了阿富汗大部分地區，迫使總統派出特使和他們談判。2008年底竟連續焚燒北約聯軍後勤轉運站數百輛軍車，現在又逼近首都喀布爾。這種形勢，也迫使美國必須考慮在新政府上臺後在阿富汗有所行動，壓制塔利班的氣焰，鼓舞聯軍的士氣。這就是美軍宣佈近期向阿富汗增兵的原因。鑒於此，我預料阿富汗在2009年會有較大規模的戰事。阿富汗已經打成了持久戰。美國的攻勢贏不了戰爭，但會讓這場戰略拉鋸戰再多幾個回合。

至於中亞，由於俄羅斯在格魯吉亞戰爭中的兇悍表現，某些小國直接向俄羅斯發起戰爭行動的可能性可以排除。當同樣是因為俄羅斯的兇悍，將加劇這些國家的離心力，從而加劇政治層面的暗鬥。軍事是政治的繼續，不是炮火硝煙的代名詞。所以，儘管沒有刀光劍影，但依然扣人心弦。

中亞之外最吸引人的要數索馬利亞（Republic of Somalia）國際艦隊搜剿海盜。對於世界軍事格局，這只能算是個花邊新聞。因為索馬利亞海盜的根源在於其國內政治經濟局勢，各國去再多的軍艦都不能從根本上解決問題。由於索馬利亞不是世界戰略要地，故大國政治家不會在這裡花心思，此話題因此將很快失去新聞價值。

第四章

中亞逐鹿

俄格衝突背後的美國大戰略

　　2008年8月8日，第29屆奧運會正在北京宣佈開幕，遙遠的中亞，格魯吉亞和俄羅斯的戰爭拉開了戰幕。這場突然爆發的小戰爭，有著太多耐人尋味的地方。為什麼非要趕在奧運會開幕這一天？顯然，這是要搶中國的風頭。

　　此外，如果沒有美國的鼓勵，格魯吉亞是無論如何不敢尋釁俄羅斯的。現在雙方動起了刀槍，格魯吉亞除了依靠美國和歐洲之外別無選擇，美國進入格魯吉亞進而控制裡海油氣田就是自然而然的了。這是一個美國的政治家和戰略家精妙的設計。

　　作者思考問題，每每是透過現象直達本質，讀後茅塞頓開。

　　單純的俄格衝突塵埃落定，但以俄、美和西方為主角的大對抗正在拉開大幕。此次事件中俄、格固然都有自己精心的戰略盤算，但雙方都沒有逃脫鷸蚌相爭的命運，真正的漁翁在硝煙散去後才走上前臺。

　　幾乎可以斷定，美國是此次格魯吉亞發起對俄挑釁的幕後策劃者。這從衝突發生前後美國的表現就可以看出來。衝突一爆發，美國不問情由上來就宣佈和格魯吉亞站在一起，然後又是警告俄羅

斯，又是操縱北約凍結和俄羅斯的關係，然後是宣佈軍事援助格魯吉亞。而格魯吉亞也非常配合地宣佈退出獨聯體，同時，這一事件還牽動東歐局勢。隨著俄羅斯的過激反應，格魯吉亞邀請美國進入的呼聲也格外急切和強烈。美國人就這樣大搖大擺冠冕堂皇地進入了它夢想的高加索地區（Caucasus），為下步直接控制裡海產油區找到了著力點。這不僅極大地威脅了俄羅斯的戰略利益，對伊朗也有著迂迴包圍的效果。

　　「9‧11」的煙霧，掩蓋了美國的國家大戰略。很多人天真地認為，在1991年蘇聯解體後，冷戰就結束了。其實，只有美國清楚，在世界範圍內，能夠與它在軍事上分庭抗禮的，以前是蘇聯，以後則是繼承了大部分蘇聯實力的俄羅斯。蘇聯這個巨人只是倒下了，但並沒有斷氣，它還以獨聯體的方式「活著」。繼續肢解後蘇聯時代的俄羅斯，因此自然地成為美國大戰略的第二步目標。從蘇聯解體迄今，美國和西方一直擔憂俄羅斯重返前蘇聯地區，並復活那個噩夢般的超級大國，所以北約東擴緊鑼密鼓馬不停蹄。只是礙於世界輿論對於冷戰結束的欣喜，美國不再使用「冷戰」的字眼。但實質性的動作，美國可一個都沒有少。美國在冷戰結束後，為什麼一口氣打了二十多年代戰爭？歸納一下就可以看出，這些被消滅了的國家都是原蘇聯的鐵桿盟友。美國一會人權高於主權，一會反恐怖，其實根本的動機就一個，那就是收穫冷戰成果，大量吞食原蘇聯的「屍體」——勢力範圍，一是壯大自己，二是未雨綢繆地剪掉俄羅斯的世界羽翼，斬草除根永絕後患。在這些掃蕩週邊的工作進行即將告一段落，俄羅斯在世界的盟友只剩下互不關聯的幾個孤島之後(美國就核問題找伊朗麻煩其實是項莊舞劍，意在俄羅斯)，美國開始實現第二步目標，這就是割裂獨聯體，將其和原蘇聯勢力範圍的東歐國家一起，一併收入囊中，在擴大歐美戰略安全縱深的同時，大大壓縮俄羅斯的

生存空間，為下一步肢解俄羅斯奠定基礎。同時，割裂獨聯體還可以一箭雙鵰地將已經運轉了好幾年的上海合作組織一併肢解，讓以中國、俄羅斯為中心，未來可能擴大為中、俄、印、伊朗等地區合作組織，胎死腹中。俄羅斯對美國的這一戰略洞若觀火，故最近和美國的全球敵人打得火熱，不僅大量賣給伊朗和委內瑞拉軍火，俄空軍和海軍開始全球巡弋，還準備在美國後院的古巴進駐戰略轟炸機。作為對俄羅斯的實質性殺傷步驟，美國鼓勵格魯吉亞以胸膛劃過俄羅斯的刺刀，其動機就是在俄羅斯周邊的鄰國製造俄羅斯威脅，加速這些國家脫離俄羅斯，投向西方陣營的步伐。這就為美國率領北約挺進到世界戰略要地高加索地區，製造了有利的輿論氛圍。從打著反恐旗號進駐中亞和阿富汗開始，美國就開始盤算這一步了。可以說，美國是以俄羅斯和格魯吉亞人的鮮血，基本實現了這一盤算。

俄格衝突表明，美國和西方對歐亞大陸最大版圖的那個國家的既定削弱和肢解戰略沒有任何改變，而且還大大加速了實施的步伐。蘇聯解體結束的只是冷戰的第一階段；吸收波羅的海三國，吸納烏克蘭（Ukraine）和格魯吉亞加入北約，拆散獨聯體，進一步縮小對俄羅斯的包圍圈，是第二階段。現在隨著俄格衝突的發酵，獨聯體已到了分崩離析的前夜，美國和西方即將贏得這一回合對俄羅斯的戰略勝利。以後我們會看到極度膨脹的北約在俄羅斯邊界，美國和俄羅斯在政治、經濟和軍事的大領域全面角力的情景。這第三階段的較量將決定俄羅斯是作為一個整體繼續生存還是被分解成更多的小國。在美國和波蘭宣佈聯合部署反飛彈系統的同時，俄羅斯也宣佈將和白俄羅斯組建聯合防空體系。這是俄羅斯在準備獨聯體散架後，構築的最後一道本土防線。

8月26日，俄羅斯正式宣佈承認阿布哈茲（Abkhazia）和南奧

塞梯（South Ossetia）獨立，並說俄羅斯不懼怕「新冷戰」。普京
（Vladimir Vladimirovich Putin）總理則同時宣佈準備退出WTO談
判。這是蘇聯解體後俄羅斯與西方關係史上前所未有的、明火執仗
的對抗姿態，可以說已經拔刀在手，俄羅斯已經被美國逼到牆角，
俄不得不「被迫著發出最後的吼聲」，而且俄羅斯現在手握能源王
牌，客觀上也可以對正身陷伊拉克和阿富汗困境的美國和西方叫
板。這就是今年俄羅斯屢屢在軍事上對美國和西方亮劍，並在北極
問題上主動出擊，試圖開闢對美國和西方戰略對峙的第二戰場的原
因。俄羅斯擺出魚死網破的拚命架勢，說明俄羅斯已經不再買美國
和西方的帳。

　　由於沒有緩衝，這種剛性的直接衝撞將會引來整個西方世界的
強烈反彈。新冷戰的口號之前只在西方一些媒體上醞釀，現在一些
西方政治家也開始使用這個詞了。其實這些都是不重要的，新冷戰
事實上一直在進行，此次俄格衝突，只是讓這一事實呈現表面化。
俄格衝突是一個標誌性事件。它不僅意味著蘇聯解體後俄羅斯與西
方的蜜月徹底結束，還意味著在反恐事業中俄羅斯與美國、西方的
合作，名存實亡。美國與俄羅斯的全面對抗，將在今後相當長的時
間內，在更加廣大的領域進行。比如經濟領域，由於看到那些先後
加入世貿組織的第三世界的國家比如墨西哥、智利、巴西、阿根
廷、泰國、印尼、馬來西亞，因為各個行業最終將完全開放，金融
要與西方完全接軌，而這樣做的結果只是通過一場金融災難，財富
瞬間被掠奪殆盡，國家經濟被西方資本控制，從此落入新殖民地形
態，俄羅斯在已經和很多國家結束了WTO談判的情況下，依然宣佈
退出。一是為了避免以後中美國和西方的全套，使僥倖賺得的大量
美元化為烏有，脆弱的國家經濟被「木馬屠城」；二是正好藉機向
西方表明，此牌對俄羅斯已完全失效。經濟領域如此，其他領域俄
羅斯更敢於放手一搏。

我判斷，美國和西方目前尚沒有完成全面圍困俄羅斯的戰略佈局佈局。由於目前美國尚未在伊拉克和阿富汗的困境中脫身，在伊朗核問題上也必須獲得俄羅斯的支援，所以美國和北約尚不敢在格魯吉亞和烏克蘭的短兵相接中，逼俄羅斯太甚。儘管前蘇聯的國際盟友古巴、委內瑞拉、敘利亞和伊朗已被美國分割成戰略孤島，如果俄羅斯不顧一切地採取對抗態度，這些世界反美力量的整合，還是足以給美國和西方造成很大的麻煩，至少可以促使石油價格高居不下，大大延遲世界經濟的復甦。而這一點是美國和西方世界承受不了的。美國和西方仍會對俄羅斯展現出柔軟的身段，撫慰俄羅斯，以適當的方式讓俄羅斯下臺階。以後再以溫水煮青蛙的方式，把俄羅斯悄悄地圍個水洩不通。

俄羅斯並非不知美國的心思，但由於俄羅斯畢竟整體實力弱小，無力單獨對美國和西方展開全面戰略對抗。所以俄羅斯很可能也是走一步看一步，並非下定決心堅決對抗。強硬的姿態更多的時候是一種討價還價的籌碼。只要美國不繼續快速緊逼俄羅斯本土，俄還是不會和美國、西方全面鬧僵，以儘可能地利用目前石油高漲的時機，繼續快速壯大國力。總體看，對抗不會出現蘇美當年冷戰那樣的全面對峙的局面，但由於美國和西方已迫近俄羅斯的核心利益，在局部領域，俄羅斯的反抗可能更充滿火藥味。

大國之間的對抗，即使是輕微的發力，也會激起廣泛而深遠的動盪。經過蘇聯解體後近20年的後冷戰時代美、俄對局的量變積累，國際政治局勢毫無疑問已經來到一個轉捩點上。正如現在的季節所喻示的，冬天雖沒有到來，但雙方的關係的確充滿寒意，並越來越「冷」。雖然俄羅斯與格魯吉亞兵戎相見，但美、俄目前都在上兵伐謀的階段，不會因為格魯吉亞擦出軍事的火花。俄羅斯在未來毫無疑問將作為美國的公開戰略對手面臨西方世界沉重的壓力，

一些原來的國際熱點如北韓和伊朗核問題等，都將因為將明顯加入俄與美、西方的對抗因素而發生深刻的變化。世界和平之舟正駛向一片前景難料的風濤之海。

俄格之戰暴露出俄軍資訊化水平不高

　　本文是純軍事觀察。中國新軍事變革的參照系，第一是美國，其次就是俄羅斯。因為美國的仗打得多，所以中國軍隊談論得也多，俄羅斯難得打一仗，於是作者抓住機會，予以解析。

　　因為俄羅斯軍隊和中國都脫胎於同一個蘇式軍事體系，所以，解析俄羅斯軍隊其實就是拿一面鏡子給中國看。

　　2008年的俄格衝突中，俄羅斯採取牛刀殺雞戰略，陸海空軍和空降兵同時出動，閃電般地趕走衝突地區的格軍，並挺進格魯吉亞縱深。但是，格軍僅憑著並不先進的不成體系的微弱防空力量，竟然擊落了俄軍6架(格說是9架)軍機，其中一架還是戰略轟炸機圖22。僅從這個數位上，就不能不對俄軍的勝利大打折扣。同時，對比同時代美國進行的那些戰爭，人們無法不發出疑問：俄軍在軍事衝突中展現出的資訊化元素，何以如此之少？

　　眾所周知，只有2.7萬人總兵力的小小格軍，無法與世界級的俄軍相提並論。衝突結果也迅速證明了這一實力的差距。但讓我疑惑的是，俄軍在發起立體進攻時，為什麼不採取電磁壓制？

　　在越南戰爭中，電子對抗就已經成為現代軍隊的常識，而且蘇

軍在入侵布拉格的時候，還通過播撒金屬箔條對西方軍隊使用過雷達致盲戰術。格軍和俄軍採取的武器系統格式是一樣的，技術形態上還要落後俄軍一些。按理說，俄軍是應該有足夠的辦法對付的。為什麼俄羅斯沒有做到？有人說是美軍和以色列人幫助了格魯吉亞。但這種幫助也是在俄制武器系統的基礎上進行了有限的改良。俄羅斯曾經在用巡弋飛彈擊斃車臣叛首時露過一手，展示了衛星制導長程精確獵殺的超級資訊化戰爭的能力。但此次空軍的慘重損失，讓人們覺得俄軍似乎不懂得如何進行常規條件下的現代戰爭。不客氣地說，以這種損失暴露出的俄軍作戰水平，甚至不及1981年以色列突襲貝卡谷地（Beqaa Valley）的水準。那時的以軍，就以強大的電子壓制，讓敘利亞的地空飛彈和飛機的雷達完全失靈，從而以零代價重創敘軍飛彈陣地，並在隨後的空戰中，取得50比零的戰績。那一場戰爭因此被稱為「明天的戰爭」。可是，將近30年的時間過去了，美國此後一口氣在全世界範圍內打了好幾場現代戰爭，且一場比一場資訊化程度高。那些挨打的國家，幾乎都是採用蘇式武器體繫了和作戰思想的國家。俄軍在這些戰爭中也受到比別的國家更大的刺激，所以，新軍事學說層出不窮，軍事改革大刀闊斧。但是，這場袖珍型的各軍兵種現代條件下的聯合進攻作戰，還是令人失望地暴露出俄軍並沒有比他十幾年在車臣的表現有質的提高。俄軍此次出動的軍隊主力是陸軍第58軍。這是一支參加過車臣戰爭的軍隊。車臣戰爭是典型的機械化戰爭。因為要進行地面佔領任務，使用具有相同地形條件作戰經驗的58軍，沒什麼不對。在地面機械化部隊進攻同時，出動空軍突襲對方的軍事設施也是自二戰之後機械化作戰的常規套路。讓人不解的是，為什麼在空軍出動前不以強大的電子壓制為空軍的強大突擊提供掩護和保證呢？

　　在作為現代戰爭與傳統戰爭分水嶺的1991年波灣戰爭之後，世界軍界就已經有了這樣的共識：電磁對抗將先於戰爭之前展開，並

貫穿於戰爭全過程。整個衝突，儘管俄軍佔有絕對優勢，但並沒有包圍和殲滅格軍集團，只進行了零星殺傷，也暴露出俄軍資訊感知能力的欠缺。窺一斑見全豹。此戰它既反映俄軍的整個指揮自動化體系即C4ISRK系統覆蓋面不足，也暴露出俄軍大型武器平臺和單個軍兵種的資訊化程度較低。按理說，即使俄軍的龐大的太空偵察體系，應該可以給出格軍防空陣地、雷達和其他大型軍事目標的座標。預警機可以提供進一步的情報保證。甚至由於雙方軍隊的犬牙交錯，俄軍的特種部隊也應該對國土狹小的格方戰區主要目標有所掌握。如果做到了這一點，接著就是空中精確導引炸彈或陸軍長程火炮的定點摧毀。戰機的損失是完全應該避免的。俄軍派出用戰略轟炸機改裝的偵察機出動偵察格軍目標，說明俄軍 空中偵察平臺的發展落後。在美國、以色列等西方軍隊，這種任務主要是由各種無人機完成的，即使被擊落也無關大局。俄軍戰前雖然也出動了無人機，但從戰後的情況看，顯然那些無人機的性能不儘理想。

從主觀方面，還反映了俄軍指揮員進行資訊化戰爭的意識和能力也存在問題。俄軍只在戰後，吸取了美軍在伊拉克和阿富汗戰爭中的一些做法，搶佔輿論戰場。這說明俄軍高層還是有著資訊化的大概念的。但在美國和歐洲一邊倒地站在格魯吉亞後，輿論戰的優勢也僅僅保持了很短的時間。如果在資訊化方面還有可以稱道的地方，要算是雙方互相攻擊對方的網站了。但俄軍網路攻擊的重點顯然應該是格軍的指揮通信系統，而不是那些政府網站。我懷疑這是民間人士所為。如果俄軍真的攻擊了格軍的指揮和通信系統，俄軍空軍就不會有這麼多的戰機被擊落。

俄羅斯安全科學院院士、1993～2000年擔任俄軍駐外高加索集群副司令的尤里‧涅特卡喬夫（Yuri Netkachev）中將，11日在《獨立報》發表文章指出，俄軍在這次衝突中表現出一系列危險的

弱點。「一個嚴重問題，是俄軍行動缺乏規範。如果仔細看看有關戰事報導的電視新聞，就會發現新聞節目中反覆播放的畫面，足以向世界證明俄軍是多麼『不稱職』。赫魯廖夫（Anatoly Khrulyov）將軍（58軍軍長，在此次衝突中受傷）為什麼要與作戰部隊一起行動？行動過程中為什麼又隨隊帶著記者？電視記者們不斷地通過手機和外界聯繫，所有人都沒有注意到一個重要問題，即裝備了美國設備的格軍特種部隊能對電話、雷達信號作出反應，進而在精確定位後發動襲擊。從這個角度可以得出結論，第58集團軍沒有遵守隱蔽指揮的原則。作為一個統帥幾萬人的集團軍司令來說，帶著記者參加戰鬥令人難以理解。」這段批評，也從另一個側面印證了我關於俄軍資訊化水平不高的觀點。

　　這場衝突顯示，俄軍進行資訊化條件下的現代戰爭的能力還很欠缺。這也從一個側面說明了一支大國軍隊轉型的不易。不能說俄軍改革的決心不大，也不能說俄軍沒有現代化的武器。但理論上的理解是一回事，但實際的應用是另一回事。在美國歐洲等資訊化軍隊的後面，俄羅斯軍隊是排在最前面的。俄軍的表現如此，其他那些發展中大國的軍隊進行現代戰爭的真實水平如何，自己心裡應該有數。美國軍隊的資訊化，是建立在實驗室推演和不斷實戰檢驗、完善的基礎之上的，而俄羅斯顯然沒有這個條件，其他大國就更不用說了。俄軍在此次衝突中的「落後」表現是一個警鐘：在缺少實戰核對總和戰爭緊迫感的條件下，如何切實提高資訊化戰爭的能力，是一個具有超越俄軍本身的重大思考題。

2008：美國全球封堵俄羅斯

本文是寫給《環球時報》2008年1月8日新年第一篇軍事文章，作者以毫不含糊的口氣，預言這一年美國將全球封堵俄羅斯。

這是因為作者早已建立了世界大戰場的概念，知道這一年美國在伊斯蘭戰場不會有大的作為，因為美國政府將換屆，白宮相當一部分精力是在國內的選戰；中國方面，美國因為有求於中國買它的債權，暫時也不會對中國出手太重；那剩下的只有在俄羅斯戰線有點收穫了。

整整7個月之後的8月8日，作者的預言應驗了，俄格衝突爆發，美國率領歐盟和北約捲入衝突，把美國圍堵俄羅斯的計劃表面化了。

寫軍事述評和政治分析文章不難，難的是預測並且預測准。需要真功夫。

今天，中國有這種真功夫的人不多。

一聲驚天動地的爆炸送走了2007年。夾雜著血腥味的硝煙，在無數人的心頭留下了關於2008年世界安全的隱憂。在地球已經越來越小成一個「村」的情勢下，國界只是一道象徵性的「院牆」，人類越來越休戚相關。我們無法再以事不關己的心態瞭望——未來將

是怎樣的一年？

一、世界總體上將是一個沒有大戰的太平年

如果說2001年9月11日，世界政治和軍事格局迎來一個拐點的話，基地組織剛剛在巴基斯坦實施的暗殺爆炸，可以被看作是這個拐點的延續。時間已經過去了7年。在這樣長的時間裡，「一戰」已經接近尾聲，「二戰」的歐洲戰場則已經打完。但是由美國發起的這場反恐戰爭目前還看不到儘頭。不過人們無須悲觀。在不久前召開的聯合國大會上，中國像歷史上其他國家的做法一樣提議奧運期間休戰，得到全體成員的一致同意。當然，世界不會天真地因為這一禮節性的表態就可以保障和平，但美國國務院就坡下驢地在中東和會提議各大國明年休戰一年，這就讓2008年無大戰的判斷有了基本的可信度。誰都知道，一直以來，平靜的世界政治湖面是被美國這個不斷扔石頭的「壞孩子」打破的，現在有足夠的證據說明它已經願意「住手」了。

從2004年以來，美國就一直高喊對伊朗動武，國際上也紛紛猜測戰爭將在何時打響。但現在從美國國內傳來了高分貝的緊急剎車聲。美中央司令部司令法倫公開宣佈，拒絕執行國防部有可能犧牲第五艦隊的任何命令。媒體稱如果美國政府強行對伊朗開戰，美軍高級軍官有可能組織一場「避免把國家拖入災難」的政變。美國司法部還流傳著一個說法：如果攻打伊朗，一名聯邦調查局的「深喉」將把總統置於下臺的境地。更不要說民主黨人掌控的國會在政策方面的掣肘了。正是在這種內外交困的情況下，美國中央情報局遞上一個報告，說伊朗早在2003年就停止了核軍事計劃，為「老鷹」折儘騎虎難下的現任政府送上一個臺階。11月26日，美國國防

部長蓋茲（Robert Gates）在一次演講中說「軍事力量並非獲取和平的有效途徑」，算是亮了布希的底牌。摸著政府越來越弱的脈搏，跨黨派阿米蒂奇—奈（Richard Lee Armitage and Joseph S. Nye）委員會向美國政府提出了「巧實力」戰略，其核心要點是：在各條戰線上放棄武力、威懾和單邊主義；在下屆總統大選前中止所有大規模軍事行動。至少在眼下，這一建議來得正是時候。20多年的全球征戰，特別是伊拉克和阿富汗的持久戰陷阱，已經讓當初不可一世的美軍像掉進沼澤地的老虎，肉體和意志都被蠍子和螞蟥一樣的對手折磨得筋疲力盡痛苦不堪。

幾天前，美國智庫開始炒作以色列和伊朗的核戰爭問題。以色列會不會打伊朗，事實上取決於美國。美國不願意打，以色列即使開戰，規模也是有限的。而在去年的對真主黨戰爭的不佳表現，事實上讓以色列常規軍力信心不足。要使用核子武器嗎？但戰爭是政治的繼續，以色列和伊朗的矛盾真的對立到不共戴天的程度了嗎？至少在2008年我看不出來。我大膽斷言，伊朗核問題——這個目前世界上最大的火藥桶正在被拔除引信。

阿富汗的形勢不會有太大好轉，北約士兵仍將在被世人遺忘的狀態下疲於奔命。而伊拉克戰局可能會在2008年迎來重大轉機。塔利班和伊拉克反美武裝不在乎時間，但美國已經漸漸失去信心。用鮮血換石油的經濟成本也許不高，但政治成本難以估量。在死傷日增、士氣低迷、盟友零落、軍費不堪重負的多重作用下，不管民主黨是不是能夠贏得美國總統選舉，美軍都將開始認真考慮大批撤軍問題。美國萌生去意，中東平復可期。

與炎熱的中東地區明顯降溫相對照，東太平洋地區的台海溫度正在急劇升高。雖然美國在對伊朗問題上後退一步，有著應對台海局勢不測的緊急考慮，但在反恐大業屢遭挫折的情形下，美國並不

希望在東太平洋被拖下水。美國向來是台獨的精神支撐，沒有美國這個「氣管」打氣，陳水扁和台獨分子們的氣球是鼓不起來的。在美、日、法等160個國家公開表態反對，在大陸反分裂之手正堅定不移地、一點一點地伸向「扳機」的強力態勢下，陳水扁有多大膽量敢重新點燃兩岸已經熄滅半個多世紀的內戰之火？「入聯公投」充其量不過是一場新鬧劇而已。

中東、台海既無大憂，中國當可安枕。北韓核問題基本塵埃落定，中日正迎來福田所說的「春天」，中印兩軍也由「眼瞪眼」到「手拉手」。南沙的風浪只翻騰了幾下就下去了。放眼世界，被政治性炒作的達爾富爾（Darfur）問題正在解決中，老問題的以阿衝突日漸走向外交層面。巴基斯坦的形勢是一個令人憂心的地方，那裡有核子武器，而且距塔利班咫尺之遙，但局勢目前還在穆沙拉夫（Pervez Musharraf）掌控中。世界的問題永遠多如牛毛，但在2008年可以肯定沒有足以導致大規模戰爭的地區。唯一讓人擔心的是北京奧運會安全問題，西方已經習以為常的反恐的難題，第一次近距離地擺在中國人面前。

二、多極化演變趨勢中美、俄兩極對抗的戰略雛形已現

2008年近憂不多，但遠慮卻讓人不能不憂：如果我們「高瞻遠矚」地眺望一下這個世界，可以發現曾經被人們歡呼著送走的冷戰幽靈，又重新徘徊在眼前。

回顧近20年的戰爭，我們會恍然大悟：美國並不是在盲目地橫衝直撞，而是在一個清晰大戰略的指導下，有計劃地掃蕩著蘇聯勢力範圍，瘋狂收穫冷戰成果。反恐只不過是美國瞞天過海的一個旗號。美國並沒有在冷戰打敗蘇聯後停下腳步，而是以進一步包圍、

削弱、肢解俄羅斯為目標。美國在吃下伊拉克、威服利比亞之後，已經幾次對伊朗和敘利亞露出滴血的牙齒。這可是俄羅斯在中東碩果僅存的兩個戰略孤島。美國志在稱霸全球，一切有可能挑戰其霸權地位的國家，都是美國的「敵人」，不幸的是由於俄羅斯是唯一在軍事力量上可以抗衡美國的國家，不能不被美國列為第一目標。更重要的是，極其豐富的資源和科技潛力，完全可以支撐俄羅斯重新踏上超級大國之路。美國怎麼可能不乘蘇聯解體之機窮追猛打？伊朗核問題只不過是個藉口——就像當年無中生有地說伊拉克有大殺傷性武器一樣，歸根結底還是美、俄戰略之爭。美國現在不打伊朗並不是很多軍事戰略學者所說的被伊拉克反美武裝牽扯，而是對石油價格的擔心。美國發動伊拉克戰爭打高石油價格，意外地加速了俄羅斯的復興，整個戰爭最後成了為俄羅斯火中取栗，這讓美國後悔不疊。如果對伊朗開戰，現在的石油價格還要扶搖直上，那俄羅斯的崛起速度可想而知。鑒於此，兩年前我斷言美國對伊朗不過是一場戰略心理戰而已，今天我依然堅信這個判斷：在沒有找到兩全其美的辦法之前，美國不會貿然再犯像伊拉克戰爭那樣為淵驅魚的事情。

暫時不打伊朗，只是美國對俄羅斯的戰術調整，戰略步驟上，美國可是步步緊逼。北約在繼續東擴，同時美國在東歐部署反飛彈系統。如果把前者比作隆隆駛近的「戰略坦克」的話，後者就是寒氣逼人的「戰術」刺刀。獨聯體的烏克蘭和格魯吉亞已經表示要加入北約。如果這一步成真，美國就將兵臨莫斯科城下。為了配合戰略西進，美國還和日本在東太平洋上進行了反飛彈實驗。這是一箭雙鵰的一步棋。表面上看起來是對中國，其實也是在封堵俄羅斯東出之路。冷戰時美國就這樣對蘇聯，現在對俄羅斯還是東西鉗擊的招數。

以「上兵伐謀」的思維，可以清楚地看出美、俄當今在世界大棋盤上的博弈。美國的很多套路都是聲東擊西，看似針對中國，其實都暗含與俄羅斯角力的意味，比如極力拉攏印度，給援助，賣先進武器，還鼓動歐洲和日本給印度送秋波。還擺出組建「亞洲北約」包圍中國的樣子。其實，美國真正分化的是俄印關係。如果說美國掃蕩南斯拉夫和伊拉克等，是在剪斷俄羅斯的戰略翅膀，拉走印度，就是卸掉俄羅斯伸向印度洋的一條大腿，那俄羅斯真的就無法被稱為世界大國了。所以，除了歐洲、中東和中亞之外，美國和俄羅斯在南亞也在進行著「拳擊對柔道」的比賽。

俄羅斯就像一個被逼到台角的拳擊手連續打出組合拳一樣，密集地發起了一系列的絕地反擊：航空母艦和戰略轟炸機巡航——宣佈北極主權——對北美和美軍太平洋基地進行戰略偵察——加速試驗新型戰略飛彈——對歐洲大打能源牌——加強上合組織——賣給伊朗先進武器……這是俄羅斯「被迫著發出的最後的吼聲」，但卻是在擁有石油王牌和充足的硬通貨之後。因此，俄羅斯的吼聲很響亮，美國已經在考慮將美軍的戰略重點重新放到歐洲了。

今天的世界雖不像冷戰的東西方陣營那樣陣線分明，但世界以美、俄爭鬥為主軸的雛形是大致清晰的。美國和西方不停地製造中國威脅論，一方面有嚇阻中國的意思，更多的是掩護戰略進攻俄羅斯的煙幕。世界銀行已經將中國經濟規模調低40%，這將使美國心裡更加清楚中國在相當長時間內還不是它現實的對手。也只有從這個基本判斷出發，我們才可以看清楚當今世界的基本形態。儘管老歐洲在伊拉克戰爭等一系列問題上和美國屢生齟齬，但終於最後還是言歸於好，法、德新領導人的華盛頓之行已說明一切。12月17日進行的美、日反飛彈試驗說明，日本依然是美國的忠實盟友。印度依然採用戰略投機的基本國策左右逢源。俄羅斯雖然並不明言與美國

和西方為敵，但事實上只能倚中、印為戰略夥伴和後方。

和20世紀戰爭圍繞意識形態設計不一樣，21世紀的戰爭圍繞資源來設計。誰控制了更多的資源，誰就有了在長期的和平發展中贏得勝利的資本。美國對其他國家是如此，對俄羅斯更是如此。所以，未來美國不僅將毫不放鬆地繼續緊逼俄羅斯本土，同時還在中亞和其他戰略資源豐富的地區，和俄羅斯貼身爭搶。世界的主流是和平，這沒錯。但主流的和平之下，是暗流洶湧的大國利益之爭。由於各方的利益還遠遠沒有到不可調和的地步，所以，在可以預見的將來，兵戎相見的局面不會出現，大國們的「戰場」目前還在以經濟核心的政治棋盤上。

三、大國加速奔向資訊化戰爭的制高點：太空和新核子 武器

以資訊化為特徵的世界新軍事變革已經進行了近二十年。以美國為首的世界列強所鍛造的新型軍隊的輪廓已隱約可見：它的越來越趨向小型化、特戰化和飛行化的陸軍；它的新海軍戰略指導下的「千艦計劃」；它的正在快速全部匿蹤化的空軍……這是21世紀初常規軍種的基本外觀，但卻不是資訊化軍隊和未來戰爭最本質的特點。

當1991年波灣戰爭爆發時，包括俄羅斯在內的所有國家都發現，自己軍隊的技術形態和戰爭理念，都比美國落後了一個時代。但當現在他們已經熟悉了精確導引武器概念，以為為自己的軍隊配上電腦就是趕上了資訊化時代時，美國其實早已站到了另外一個難以企及的高度。在2001年的時候，美國就已經可以進行全球範圍內的精確獵殺了——利用衛星和無人攻擊機，可以直接消滅單個的敵人。但這一年美國卻認真進行了一次太空戰演習。2006年底，美國

提出「一小時打遍全球計劃」。為洲際飛彈裝上常規彈頭，以第一宇宙速度飛行的空天轟炸機，在太空部署鐳射和動能武器等，是這一資訊化閃電戰的基本作戰平臺。美國的全球飛彈防禦系統已進入實戰部署。如果把「一小時全球打擊」計劃看作是一柄戰略長矛，全球飛彈防禦系統就是一面戰略盾牌。以世界為大戰場，以大國為對手，著眼於全球公共空間制權的美國全球快速作戰體系事實上已初露端倪。美國的頂級戰機F22已裝備百架之多。以往戰爭中，美國空軍作為主力立下汗馬功勞，但未來全部匿蹤化的空軍也許只能作為飛刀，成為這個新型戰爭體系的補充。

不久前，美國又宣佈削減核武庫3/4。在常規武裝完全實現資訊化之後，美國終於開始對它龐大的核子武器系統進行資訊化改造了。如果說從1983年的格瑞納達（Grenada）之戰到2003年的伊拉克戰爭，美國的資訊化軍隊只是擁有屠殺小國的絕對能力的話，那麼隨著新型鑽地導彈和小當量新式核彈頭的試驗成功，加之上述「新型戰爭體系」，美國已為大國準備好了屠龍之刀。

美國軍事戰略的眼界讓它的尾隨者望塵莫及。美國非常清楚，未來戰爭的制高點在太空，那是一切資訊化系統的源頭。美國現在的太空力量佔絕對優勢。它要趁大多數國家還沒有趕上來的時候，牢牢掌握制太空權。惟其如此，它在對別國太空努力百般阻撓的同時，正在加速太空武器化的努力。自波灣戰爭以來，美國就是世界所有國家軍隊建設的「導師」。現在它的最新舉動，又將在方興未艾的世界新軍事變革中，引發新一輪追趕。

俄羅斯在幾乎所有領域都想追趕美國的軍事步伐，但顯然心有餘而力不足。俄羅斯在核子武器領域雖然沒有大張旗鼓的動作，但在太空定位系統和在可穿透反飛彈系統的新型彈道飛彈研製方面可謂快馬加鞭。作為世界第二軍事梯隊裡的佼佼者的印度和日本，在

太空和反飛彈方面也取得了突破性進展。倒是一直在近代史上名列前茅的歐洲列強乏善可陳，甘願成為美國老鷹的尾巴。

現代戰爭早已超越軍隊之間血戰而進入直接打擊政府首腦時代。世界上那些還在忙著為機械化時代的作戰平臺——坦克和飛機——裝上感測器的國家，應該抬起頭來關注一下更高遠的天空了。由於精確導引武器的大量應用，導致「五環打擊」的戰略戰術出現；現在更新的作戰武器和系統即將成型，早期資訊化戰爭的模式也要過時，新一代戰爭就要到來了。

2009：俄羅斯對美國發起戰略反攻

　　作者在2009年初為《環球時報》寫了一篇軍事展望文章。在這一年中，作者預言俄羅斯將對美國發起戰略反攻，並且終將把美國反飛彈系統擠出東歐，把美軍擠出中亞。

　　過了七八個月，美國突然宣佈放棄在東歐部署反飛彈系統，同時，一些中亞國家也在基地問題上給美國下了逐客令。

　　事實再一次被作者言中。

　　其實，在一些內部報告中，作者已經先後預測了西藏和新疆事件，並且預言了雲南和下一步的東北亞地區形勢發展。

　　這個世界，每時每刻都在發生著令人眼花繚亂的事，但任何事情都是有前因後果的，而因果之間是有規律的。這需要智慧的頭腦去條分縷析。

　　作者又一次讓我們提前看到了真相。

　　2008年1月8日，我在《環球時報》發文斷言「今年美國將全球封堵俄羅斯」。整整7個月後的8月8日，俄格衝突爆發，俄羅斯以一套眼花繚亂的組合拳，連續打出承認南奧塞梯和阿布哈茲獨立、總

統公然宣佈不懼怕和西方冷戰、和北約艦隊在黑海對峙、禁止進口
美國牛肉、放風中斷歐洲天然氣、退出WTO談判、宣佈不再配合
解決伊朗核問題——並可能支援伊朗；在委內瑞拉進駐戰略轟炸機
TU160並進行俄委聯合軍事演習、幫助古巴建立空間站，警告烏克
蘭、敲打波蘭，三軍演練打航母，最兇悍的動作是9月12日一天宣佈
兩個重大決定：一是重修駐敘利亞海軍基地，一是組建中亞四國聯
軍，矛頭直指美國和北約。一月之內，俄羅斯採取的明火執仗的戰
略對抗行動，比過去20年中採取的都要多，都要劇烈。誰也不知道
下一步俄羅斯還會採取什麼行動。難怪歐洲剛剛驚呼新冷戰已經到
來，美國人就將其概念糾正為「溫熱戰」。

俄羅斯當然不是為了配合我的斷言，對美國展開反擊的。但根
據物理學「作用力與反作用力相等」的原理，哪裡有壓迫，哪裡就
有反抗，壓迫的力度有多大，反抗的力度就多大。俄羅斯的反擊一
是在全球範圍同時展開，二是涵蓋政治、經濟、軍事和外交的所有
領域，從受力者的角度反映出了發力者的力度和廣度，足見我當初
對美國戰略意圖的斷言不是簡單臆測。蘇聯解體以來，俄羅斯與美
國和西方的關係雖經歷了由熱趨冷的演變，但總體上是好的。就在
8月8日當天，普京和小布希還在出席奧運開幕式的中國招待會上談
笑風生。為什麼我會作出美國將在2008年開始全球封堵俄羅斯的斷
言？這是由美國的大戰略和今年的新形勢共同決定的。

「9·11」的煙霧，掩蓋了美國的國家大戰略。很多人天真地
認為，在1991年蘇聯解體後，冷戰就結束了。其實，只有美國清
楚，在世界範圍內，能夠與它在軍事上分庭抗禮的，以前是蘇聯，
以後則是繼承了大部分蘇聯實力的俄羅斯。蘇聯這個巨人只是倒下
了，但並沒有斷氣，它還以獨聯體的方式「活著」。繼續肢解後蘇
聯時代的俄羅斯，因此自然地成為美國大戰略的第二步目標。從蘇

聯解體迄今，美國和西方一直擔憂俄羅斯重返前蘇聯地區，並復活那個噩夢般的超級大國，所以北約東擴緊鑼密鼓馬不停蹄。只是礙於世界輿論對於冷戰結束的欣喜，美國不再使用「冷戰」的字眼。但實質性的動作，美國可一個都沒有少。美國在冷戰結束後，為什麼一口氣打了二十多年代戰爭？歸納一下就可以看出，這些被消滅了的國家都是原蘇聯的鐵桿盟友。美國一會人權高於主權，一會反恐怖，其實根本的動機就一個，那就是收穫冷戰成果，大量吞食原蘇聯的「屍體」——勢力範圍，一是壯大自己，二是未雨綢繆地剪掉俄羅斯這只雙頭鷹的世界羽翼。在這些掃蕩週邊的工作進行即將告一段落，俄羅斯在世界的盟友只剩下互不關聯的幾個孤島之後(美國就核問題找伊朗麻煩其實是項莊舞劍，意在俄羅斯)，美國開始實現第二步目標，這就是割裂獨聯體，將其和原蘇聯勢力範圍的東歐國家一起，一併收入囊中，在擴大歐美戰略安全縱深的同時，大大壓縮俄羅斯的生存空間，為下一步肢解俄羅斯奠定基礎。同時，割裂獨聯體還可以一箭雙鵰地將已經運轉了好幾年的上海合作組織一併肢解，讓以中國、俄羅斯為中心，未來可能擴大為中、俄、印、伊朗等地區合作組織，胎死腹中。在幾乎拔光了俄羅斯的戰略羽毛之後，美國開始對俄羅斯「斬首」了，斬斷雙頭鷹伸向歐洲的那個頭。作為對俄羅斯的實質性殺傷步驟，美國鼓勵格魯吉亞以胸膛劃過俄羅斯的刺刀，其動機就是在俄羅斯周邊的鄰國製造俄羅斯威脅，加速這些國家脫離俄羅斯，投向西方陣營的步伐。這就為美國率領北約挺進到世界戰略要地高加索地區，製造了有利的輿論氛圍。進入了它夢想的高加索地區，就為下步直接控制裡海產油區找到了著力點，這不僅極大地威脅了俄羅斯的戰略利益，對伊朗也有著迂迴包圍的效果。從打著反恐旗號進駐中亞和阿富汗開始，美國就開始盤算這一步了。可以說，美國是以俄羅斯和格魯吉亞人的鮮血，基本實現了這個目的的。

　　2008年是一個具有轉折意義的年頭。由於量變到質變的積累，很多事情的真相和本質都將在這一年顯現出來。美國利用伊拉克戰爭和製造伊朗核問題，故意炒作提高原油價格，以使用比冷戰更隱蔽、更嫻熟的經濟戰的手段，打壓正在崛起的金磚四國（BRICs）。由於通過同時製造金融危機、資源危機和糧食危機，讓已經進入世界貿易體系的中國陷入通貨膨脹和經濟危機，美國阻擋中國發展勢頭的戰略目的暫時達到。但資源特別是原油價格的猛漲，卻意外地讓俄羅斯賺了個盆滿缽滿。躺著的巨人，只是從地上爬起來，就讓美國看到蘇聯復活的影子。而俄羅斯一點也不「韜光養晦」，憑著財大氣粗，俄羅斯不僅大舉展開新一代武器的更新換代，還屢屢威脅烏克蘭和支援烏克蘭的歐洲，強硬地阻擋北約東擴。慣於讓別人鷸蚌相爭的美國搬起石頭砸了自己的腳，不甘心讓俄羅斯當漁翁，從美國的戰略失誤中，繼續得到更多的好處，於是回過頭來加大擠壓俄羅斯的力度。之前在東歐強行部署反飛彈系統，削弱俄羅斯軍事力量中唯一的核優勢，現在則是鼓動原獨聯體國家以更快、更激進的方式，加入北約，甚至不惜進行直接挑釁。

　　從俄羅斯允許美國以反恐名義進駐中亞，而美國卻恩將仇報鼓動中亞顏色革命，唆使獨聯體國家靠攏西方開始，俄羅斯就已經對美國真正的戰略用心洞若觀火，並對融入西方的夢想徹底死心。也就是從那時起，俄羅斯開始籌備對美國和西方的反擊。年初以來，俄羅斯又是宣佈戰略轟炸機、航空母艦全球巡航，挑逗北約和美國駐亞太軍事基地，又是宣佈擁有北極主權，其實已經是山雨欲來的信號。可惜，美國嚴重低估了俄羅斯的戰略決心，終於在今天遭到俄羅斯急風暴雨的猛烈反擊，被打了一個措手不及。

　　藉著年初預言的成功，我再次斷言，俄羅斯將取得這一戰略

回合的勝利，並將乘勝追擊，將美國逐出中亞地區。這是因為俄羅斯經過精心的觀察，已經發現美國的戰略破綻：它已經為伊拉克和阿富汗兩場戰爭投入了8500多億美元，而戰爭結束還遙遙無期。非僅如此，美國在兩大戰場的持久戰中，已漸趨下風。反美武裝活躍依舊，而它親手扶持起來的伊拉克政府，已在要求它在很短的時間內撤軍。而塔利班竟然已經可以完整「偷」走包括重型運輸直升機（3架）在內的北約重裝備，一次幹掉10名法軍。事件雖小，一葉知秋。美國大選在即，美軍在這兩個戰場上是去是留，都在未定之天。美國的兩隻手連這兩隻「跳蚤」尚且按不住，所以，伊朗就對美國「紙老虎」公然蔑視。正是看到了美國最近20年的戰略擴張已成強弩之末，軍事勢能消耗殆盡，俄羅斯此番利用格魯吉亞的愚蠢舉動，「小題大做」突然爆發性大力度反擊。而歐盟會議並不敢做出制裁俄羅斯決議，甚至連譴責聲明都不敢發表；英國首相直接說，西方不想和俄羅斯展開冷戰，美國在宣佈給格魯吉亞援助之後，接著高官就發表言論，認為是格魯吉亞先挑起衝突，而俄羅斯的「反擊是正當的」。弦外之音，已經暗含了歐美將作出戰略退讓的決定。但俄羅斯會滿足於這種沒有實際戰略成果的「勝利」嗎？

通過俄格衝突俄羅斯徹底明白，美國和西方對它的既定削弱和肢解戰略沒有任何改變，而且還大大加速了實施的步伐。如果美國和西方贏得這一回合，今後和北約、美國最後的較量將不可避免和更加慘烈。這最後的較量將決定俄羅斯是作為一個整體繼續生存還是被分解成更多的小國。生死攸關，俄羅斯絕對不敢掉以輕心。瞭解俄羅斯的歷史就知道這個民族的性格和這個國家下一步行動。1812年，拿破崙大軍佔領莫斯科。但俄軍一把火燒了600多年歷史的古城，大踏步撤退，接著等來嚴寒天氣的幫助，一鼓作氣佔領巴黎，逼降法國，終結一代梟雄的威名。1944年，德軍又到莫斯科城

下，希特勒已經擬好在克里姆林宮（Kremlin）慶功的宴席功能表，結果是俄羅斯絕地奮起，最後攻克柏林，逼死巨魔。雖然今天美國對俄羅斯的封堵，還遠沒有到軍隊短兵相接的程度，但在核時代，大國對抗的主要形式就是類似中國圍棋的戰略絞殺，而非中國象棋式的直接格殺。如果一個大國沒有足夠的安全空間，沒有一定的勢力範圍，那它的發展就是有限的，它就將迅速萎縮成小國。就像多米諾骨牌一樣，當它被擠壓成一個小國時，真正的軍事打擊就將到來，它的死期也就真正到了，一如伊拉克、南斯拉夫一樣。素有世界大國雄心壯志的俄羅斯，決不會聽任美國像溫水煮青蛙一樣，把它笑瞇瞇地送上絕路。它不會輕易地放棄眼下千載難逢的戰略良機。它會接過格魯吉亞送過來的道義的聖衣，當作戰袍披在身上，然後揮動彼得大帝的精神鐵騎，沿著傳統的反擊道路一路向西。和大多數學者認為俄羅斯將適可而止的觀點不同，我認為俄羅斯此番反擊，絕不止於肢解格魯吉亞，和在世界上進行一番虛張聲勢。它知道那對緩解戰略困境毫無幫助。和美國動不動就對別國進行「斬首行動」比起來，它現在所做的一切，對於美國這只世界級的八爪章魚來說，只不過是一次小小的「斬手（爪）行動」。但是，美國這只章魚只是把伸向俄羅斯本土的那根爪子暫時收縮了一下而已，並沒有被斬斷，它隨時還可以再伸過來。根據一般的戰略常識，俄羅斯要想改變當前的戰略困境，最低的目標，應是將美軍逐出中亞，將美國的反飛彈系統，趕出東歐。如果可能，俄羅斯還會在太空、在北極，在戰略武器等領域，把美國八爪章魚的其他觸鬚也擋回去，但那是後話，是在中亞和東歐這個回合勝利結束之後。即使俄羅斯同時展開這些領域的行動，那也是圍繞中亞和東歐這個戰略舞臺的一些邊場戲。

從俄羅斯不計後果的一系列做法中，可以看出俄羅斯破釜沉舟，志在必勝的決心。當然，美國也不會甘心吐出它已經吃到胃裡

的冷戰獵物，因為這不僅關係它的胃口，更關係它「世界帝國」的信譽。一方一定要贏，而另一方又輸不起，這正是未來一個時期國際戰略爭衡的焦點和核心做在。現在俄羅斯已經熱身，美國也已經出場──至少有一方的美國總統、副總統候選人對俄羅斯展現了寸步不讓的強硬。作為美、俄對抗第一聲鑼鼓敲響的地方，格魯吉亞將很快被忘記。而作為美、俄第一場戰略預賽的真正舞臺，中亞和東歐將吸引全世界的眼球。相比之下，美、俄在拉美和中東的那些軍事表演性的對抗，只不過是巡迴表演式的廣告宣傳而已。

俄羅斯軍改將震動蘇式軍事體系國家

這是明說俄軍，實說中國軍隊的一篇文章。

由於中國軍隊的很多事情不能說，不好說，所以作者只能用這種含蓄的辦法「指桑罵槐」。俄羅斯是一個有尚武傳統的國家，不敢在軍事領域裡稍有落後。雖然囿於國力，俄羅斯現在在裝備更新方面心有餘力不足，但在編製體制方面，卻大刀闊斧。其實，這方面的改革才是最根本的改革。沒有好的理論和體制，有再好的武器也沒有用。

作者希望俄軍的改革，能夠震動其他蘇式軍事體系國家，也明白這一基本常識。

格魯吉亞衝突之後，俄羅斯進行了一系列軍事反思。接著，2008年10月14日，俄羅斯國防部長謝爾久科夫（Anatoliy Eduardovich Serdyukov）突然宣佈將對俄羅斯軍隊進行大規模改革，以實現軍隊現代化，讓世界一下子明白醉翁之意不在酒。格魯吉亞衝突讓俄羅斯看到自身軍事體系和世界最新軍事水平的差距，而這種落後的現實，在北約軍隊兵臨城下（黑海軍艦對峙）的當口，無疑讓俄羅斯感到恐懼和焦急。

1991年的波灣戰爭，深深地刺痛了剛從蘇聯解體的血泊中誕生的俄羅斯軍隊。伊拉克不僅是蘇聯在中東地區親密的盟友，也是完

全使用蘇式武器和建軍思想武裝起來的一支強大的地區武裝力量。但卻在短短的42天內被打得落花流水。蘇聯解體後蘇軍四分五裂，俄羅斯軍隊剛組建即陷入危機，作戰能力急劇下降。儘管如此，它還是忍著劇痛，從1992年開始，就展開了軍事改革。之後，幾乎每一任國防部長上臺，都要將軍事改革的戰車向前推進一步。

困擾俄羅斯軍隊的根本問題是：規模龐大、體制臃腫、指揮效率低下、軍兵種結構及大軍區體制不合理等。從1992年開始直到2003年的改革，一直都是圍繞克服這些問題進行。經過十一年的刀砍斧削，俄軍已經完成國防部、總參謀部等統帥機關的定位，從總體上確定了俄軍建設構想，調整軍兵種結構，空降兵重新劃歸陸軍，陸軍由集團軍和師級結構向軍旅制結構過渡；改革軍區體制提上日程，開始義務兵役制向合同兵役制的過渡。同時，在戰略飛彈部隊、軍事航太力量和飛彈空間防禦部隊的基礎上組建了航太兵。軍費開支明顯增加，軍人社會地位提升，軍隊腐敗現象得到嚴懲。

普京執政以後，全盤審視俄軍改革的發展思路及現狀，再次做出大規模裁減俄羅斯軍隊的決定。一是將戰略火箭軍由軍種降格為兵種，將戰略核力量保持在最低限度夠用的水平上；二是重新建立陸軍司令部，以統一的指揮機構促進整個陸軍的建設和發展；三是通過增加撥款，研製新型武器，恢復士氣；四是分階段將其軍隊改造成為一支有能力以較小的傷亡和更先進的裝備對付各種威脅的職業化軍隊，其中包括在海外投放兵力。

鑒於國內外政治、經濟、軍事形勢的共同作用和影響，2006年俄羅斯軍改步伐突然提速。5 月 10 日，普京在克里姆林宮發表第七個國情咨文中指出，俄羅斯軍隊的現代化問題是當前俄羅斯最主要、最現實的問題。俄羅斯作為擁有核子武器以及強大軍事政治影響力的世界大國應該肩負起維護世界穩定、消除威脅的主要責任。

這是俄羅斯首次正式宣佈把軍隊的現代化，提升到國家建設和復興的第一位。5 月 24 日，時任國防部長的伊萬諾夫（Sergei Borisovich Ivanov）在俄羅斯議會發表講話，對未來5年軍隊改革前景進行了描繪。5 月 29 日，俄國防部正式做出決定：撤銷現有六大軍區，成立三個地區司令部，統轄地區內各軍兵種部隊，分別針對遠東方向、中亞方向和西部歐洲方向。東部地區指揮司令部總部設在烏蘭烏德（Ulan-Ude）市，統轄遠東軍區、西伯利亞軍區，伏爾加河（Volga River）沿岸——烏拉爾（Urals）軍區，太平洋艦隊可能也包含其中；南部地區指揮司令部總部設在薩馬拉市（Samara），統轄北高加索軍區、黑海艦隊和裡海分艦隊；西部地區指揮司令部總部設在莫斯科市，統轄聖彼得堡、莫斯科兩個軍區，以及莫斯科特種司令部、波羅的海艦隊、北方艦隊。由於俄羅斯北部是氣候惡劣的北冰洋，所以俄軍沒有設立北部地區指揮司令部。由於戰略火箭軍處於俄羅斯國家安全戰略核心地位，俄軍認為作為俄國家安全最重要保障力量的核子武器，只有在統一的指揮之下才更可靠，所以此次改革沒有將它拆分到三個地區指揮部。

俄軍這次改革重點是建立新的編制和指揮體制。按照俄軍最新改革思路，俄軍將於2010～2015 年完成軍隊結構改革。首先，撤銷陸海空三軍總司令部編製，職權收歸總參謀部，成立相應的陸軍、海軍和空軍局，明確區分國防部和總參謀部的職能。按照改革計劃，國防部是負責人事政策、後勤保障等職能的文職部門，總參謀部是真正意義上的軍事指揮機構，直接指揮軍隊作戰訓練。其次，廢除戰略火箭兵、航太兵和空降兵司令部，組建戰略核力量、軍事航太防禦、快速反應部隊司令部。最後，大幅精簡六大軍區、四艦隊司令部機構，使其變成行政管理機構。改革軍事動員和預備役體制。計劃撤銷各地兵役委員會，建立軍區級別的專門機構，負責徵兵、動員和培訓工作。在預備役方面，組

建俄羅斯的國民警衛隊。俄羅斯同時修改軍事學說，宣稱可以首先使用核子武器對付「戰略性軍事威脅」，矛頭直指美國對中亞和外高加索地區的滲透。可以說，俄羅斯2008年8月8日之所以敢在格魯吉亞打狗不看主人面，是有著十幾年軍事改革的自信在裡面的。

經過十餘年探索與反思，俄軍在理論認識上已完全摒棄了傳統戰爭觀念，認為太空將會成為未來戰爭的主戰場，由空軍、海軍、空天力量以及資訊戰部隊實施太空作戰，精確導引武器和新概念武器將能在任何條件下命中全球範圍內的任何目標。這就意味著現行軍隊體制必須向打贏未來戰爭轉變，即突出進攻性，以攻擊態勢達成防禦目的，徹底改變過去注重陸軍和地面作戰，人數眾多規模龐大的舊面貌。俄軍總參謀部認為，近年來國內外的局部戰爭實戰經驗表明，必須根據未來戰爭非對稱聯合作戰的要求進行改革。毫無疑問，這次體制改革後的俄軍，將具有比分兵把守國土的防禦形態大得多的戰略威懾性。

俄羅斯軍改的總體特點是：徹底擯棄原蘇式軍事體系，變目前營、團、師、集團軍、軍區的臃腫體制和條塊分割、作戰職能單一軍兵種編制，為戰略戰役混編兵團；把機械化時代的蘇軍化身，脫胎換骨成一支完全新型的21世紀軍隊。這支新型軍隊，有全新的戰爭觀念，全新的編制體制，全新的武器系統。正像俄羅斯新軍服所直觀展現的那樣，新俄軍在外觀上的一個最大改變就是從龐大變為精幹。不僅整個軍隊的編制體制更緊湊得體，鏈條短近，從人員數量上也大大縮減。俄軍毫不避諱軍隊官兵比例不協調，高級軍官比例太高，非戰鬥人員太多的嚴重問題，提出將在未來 5 年裁減 300 名高級將領和 3 萬多名行政和輔助人員，同時使將軍和士兵的比例達到1：1000 的世界性標準。不久前謝爾久科夫宣佈的改革計劃中，

正是在這個地方動刀的，裁減230多名將官和多達一半的軍官，將俄軍總人數從130萬減為100萬。為了讓人數減少的新型軍隊戰鬥力質量更高，俄羅斯軍隊將從現在的義務兵和合同兵役制混編的狀態完全過渡到職業化。

俄羅斯歷史上是一個尚武的國家，始終把軍事的強大，看做國家生死存亡的大事。為了保持軍隊在世界上的領先地位，曾先後進行過數次比較大的軍事改革：如 16 世紀中葉伊凡四世（Ivan IV Vasilyevich）的軍事改革；18 世紀初彼得一世（Peter I the Great）的軍事改革；19 世紀 中期米留金的軍事改革；1905—1912 年軍事改革；1917年之後新建蘇軍等。這些顛覆性的軍事的改革，不僅推動了俄羅斯軍隊的近(現)代化進程，也極大地保護和擴大了俄羅斯民族、國家利益，深刻地改變了歐亞大陸和世界的地理及政治版圖。現在，俄軍正在進行的新一輪的軍事變革，正是俄羅斯軍事改革歷史的延續。2008年俄軍的動作，既可以看作對以往軍改的進一步推動，也可以視為俄羅斯軍改新的里程碑。

放在世界新軍事變革的大形勢下看，俄羅斯的軍改行動是異常果敢、高效的。即使是走在世界新軍事變革前列的美軍，從思想動員、學說制訂；理論類比、裝備更新；到進入編製體制調整的第三階段，也花費了近30年時間。而俄羅斯居然如籃球裡的三步跨欄一樣，在不到20年的時間裡一氣呵成。美軍為自己軍隊轉型規定的時間是2020年，俄羅斯為自己新型軍隊成型規定的時間甚至在美軍之前，足見其爭衡世界的軍事雄心。縱觀人類歷史，所謂強國，其實都是軍事強國，而非經濟指標的「強大」。19世紀末清朝中國的經濟實力世界第一，但卻慘遭瓜分，軍事落後是直接原因。普京是個胸有大志的總統，他的繼任者梅德韋傑夫（Dmitriy · Medvedev）也是一個對世界歷史本質有清醒認識的人。他們清楚，若無一支強

大的新型俄軍，就不會有俄羅斯在國際上的政治地位，甚至不會有俄羅斯現實的基本安全，更談不上復活蘇聯的民族夢想。俄軍的改革，再一次證明了自兩千多年前胡服騎射時就已經暗藏在軍事歷史中的規律：國家的命運在軍隊，軍隊的命運在改革，改革的成敗取決於作為國家最高領導人的意識和意志。

俄羅斯加速軍事改革的八大啟示

　　唯恐上文有點含糊，一些故意裝糊塗的人可能聽不明白，所以在給《中國國防報》的這篇文章中，作者又具體地提出了俄軍軍改有八點啟示……

　　2008年10月14日，文官出身的俄羅斯國防部長謝爾久科夫宣佈，將對俄羅斯軍隊進行大規模改革，裁減數百名中高級軍官，並撤銷大量部隊單位，以實現軍隊現代化。謝爾久科夫說，到2012年前，俄羅斯將把武裝部隊從現在的130萬削減到100萬，其中軍官數量將從現在的35.5萬減少到15萬，削減幅度超過50%。此外，俄羅斯此次軍隊改革還將廢除前蘇聯時代的軍隊結構，撤銷師和團，改設旅，並把國防部和總參謀部及其附屬機構人員裁減大約60%。這是自2006年宣佈撤銷陸海空軍司令部，組建三個地區司令部之後，又一重大的軍事改革舉措。俄羅斯軍隊一邊在格魯吉亞和黑海與北約對峙，在美國的拉美後院進行戰略轟炸機發射巡弋飛彈的演習等外部亮劍的同時，在內部也同時展開如此巨大的動作，除了讓人驚嘆素來尚武強悍的俄國人的戰略魄力之外，從純軍事理論的角度看，俄羅斯此次加速軍改也有著許多的啟示，可供同時代一些也在軍改的大國參考：

一、打造新軍刻不容緩時不我待

俄羅斯從來認為世界是由列強——主要是軍事列強統治的。世界是叢林法則的世界，不能走進世界軍事列強的行列，就只能成為它們的獵物。500年前的地理大發現如此，19世紀的世界如此，今天的世界依然如此，不然南斯拉夫和伊拉克的悲劇怎麼解釋？幸虧有彼得大帝的軍事改革，才沒有淪為西方列強的獵物，而且自己擠進了列強，並從中國和歐洲其他地方奪得大片領土。沒有一支強大的軍隊，不用說奪取其他利益，連大國應有的國際地位，甚至基本的安全也沒有。所以俄羅斯復興崛起的第一目標，就是鍛造一支新式大軍，重新參與世界爭衡。但自從蘇聯解體以來，俄羅斯軍隊一直落在傳統的歐美軍事列強後面。從世界軍事變革的大趨勢看，美軍和歐洲國家軍隊已經從20世紀末的思想發端、理論動員，學說實踐和裝備更新，進入到編製體制調整的最後成型階段。最新爆發的俄格戰爭，讓俄羅斯猛然發現自己軍隊的現狀和西方現代化軍隊之間的差距非常巨大，面對北約即將兵臨城下的態勢，於是生發打造新型軍隊的緊迫感。當年清朝中國百萬農業時代陸軍不敵西方數萬工業化軍隊的悲劇，成為今天被北約壓迫的俄羅斯的警鐘。所以，俄羅斯建設新軍的步伐一陣緊似一陣。

二、保持龐大常備軍，是對現代化的貽誤和對國防經費 的浪費

俄軍此次軍改，徹底擯棄規模等於實力的陳舊觀念。美國「管理」著全世界，只有150多萬軍隊。俄羅斯覺得自己防衛1000多萬平方公里，130軍隊太多了。於是決定再裁30萬。現代戰爭一再證明，

速度可以擊碎規模。波灣戰爭，聯軍50萬，伊軍100萬；伊拉克戰爭，美英10萬，伊軍40萬。規模取勝是冷兵器時代和熱兵器時代的戰爭觀念。未來比的是速度、高度、長度和精確性，這些因素的乘積就是力量。拳擊臺上比的是力量，不是重量。軍隊更是。俄羅斯當前的安全形勢空前嚴峻。邊境有戰爭，外部北約大軍壓境，內部還有分裂威脅。但俄軍依然決定精兵簡政，魄力蓋世。他們已經看到，人數眾多，只能消耗更多的經費。平時如果保持精幹的軍隊，戰時，依靠快速的動員體系，照樣可以應對大規模戰爭。況且，未來所謂的大規模戰爭，並不是雙方動用的軍隊多少，而是就戰爭的範圍、領域而言。如太空戰和網路戰，也許不會開一槍一炮，但由於涉及國家各個戰略部門，影響到每一個人的社會，照樣是大規模戰爭。所以，保持大規模普通常備軍的做法，實際上是對軍事現代化的貽誤，不僅不能帶來未來的國家和民族安全，反而是很危險的。與其華而不實、自欺欺人地保持著一支過時，並在輿論上授人以柄的常備軍，不如從政府到民眾普遍樹立憂患意識，眾志成城，輔以一支精巧精銳的軍隊。守著一尊百年前的大炮，不如拿著一支狙擊步槍更有效。先有普京坐蘇27去車臣，後有梅德韋傑夫在航母上視察軍隊，體現的就是俄羅斯的這一戰爭觀念。

三、強軍先裁軍，裁軍先裁官

俄軍此次裁軍最大的亮點是重點裁減軍官，特別是將官。軍官是軍隊的中堅力量，但如果太多了，就會導致效能自我抵消，消耗軍隊資源，阻礙軍隊的力量凝聚。特別是一些不直接作用於部隊戰鬥力提高的部門或環節，級別過高，其截留經費，阻礙資訊和功能傳遞的作用也更大。這和一個人一樣，為了提升力量，保持一定的重量是必須的，但增加多了，形成肥胖、贅肉，不僅不能增加力

量，還導致體能的下降，這種以消耗過多的糧食換來一身肥肉的副作用的機制就出現問題。過多的軍官就是軍隊的贅肉。但世界任何一支軍隊的改革，最頭疼、最棘手的都是裁減軍官特別是將官，因為這威脅到個人的利益，必然將導致它們以各種藉口，使用各種手段予以抵制，從而影響軍改全局。所以，俄軍此次採取自然消亡的做法，就是為了不使軍隊內部產生太大的震動。在裁減將官的同時，俄軍將大幅增加基層軍官的數量。由於這些對未來作戰最有用的部分，是權力最小的單位，所以，也最容易成為以往軍改的受害者。此次俄軍正本清源，這是抓住了問題的根本。戰爭主要是靠一線軍隊進行的，而基層軍官才是軍刀的刀鋒。

四、按照自上而下，先組織機構合理化後現代化的順序，打造新軍

　　俄羅斯已經結果強腦、健心、舒筋、壯骨之後，發達四肢。強腦就是由總統親自抓軍改，賦予國防部足夠的權力。健心就是軍隊的指揮機構首先調整，然後是舒筋，就是對軍隊的組織結構進行理順。先進行統帥部和各軍兵種組織機構的合理化設計，然後才開始現代化，以節約寶貴的國防資源，把營養輸送給筋骨肌肉，而不是長在肥肉上，更不能輸送到由肥肉導致的各種瘤子上。壯骨就是建造新型武器裝備。發達四肢就是加強基層。現在的軍改是在上層組織結構調整的這個基礎上，進一步裁減將官，加強基層。去掉贅肉，多長新肌肉。之前困擾俄羅斯軍隊的根本問題一直是規模龐大、體制臃腫、指揮效率低下、軍兵種結構不合理等，現在，俄羅斯軍隊正在從一隻大熊迅速瘦身為獵豹。

五、建設新型軍隊不能在舊軍隊框架上修修補補，必須
重新設計，重新構建

俄羅斯2006年就推出戰區聯合計劃，取消大軍區制，組建陸軍司令部。還將戰略火箭軍降格為兵種，併入空軍。這種大刀闊斧的做法很類似中國歷史上的胡服騎射。中國清朝軍事改革為什麼失敗，就是試圖在不觸動整個軍事體制的情況下，單獨組建新式海軍和新型陸軍。就像一部裝著老發動機和新輪子的不協調的汽車。結果先在海上敗給日本，後在陸地上敗給八國聯軍。宣告新軍事變革徹底失敗。中國20世紀初的軍事變革教訓現在已經成為世界軍事的教訓，永遠銘刻在歷史墓誌銘上。最新進行的軍改，是對前年大改革方案的進一步細化和具體實施。

六、確立全球宇宙攻防戰意識

和世界上一些高喊資訊化的國家軍隊不同，俄羅斯沒有被這樣膚淺的技術口號的煙霧所迷惑。俄羅斯從最近一系列戰爭中，看到的未來戰爭就是全球宇宙地海攻防戰。縱向是從太空到地，所以，俄羅斯軍改的一大特色就是組建航太兵。橫向，就是全球範圍，把洲際範圍看做常規戰場。這從俄羅斯航空母艦巡弋世界大洋，戰略轟炸機到拉美演習，頻繁進行核子潛艇和洲際飛彈發射，構建全球衛星定位系統等就可以看出俄羅斯的軍事思路。他很少進行以坦克為主的地面陸軍演習。俄羅斯早就認為，未來不會發生地面兵團的戰爭。美國正在發展的是以空天轟炸機和洲際飛彈裝常規彈頭為主的一小時打遍全球計劃，陸軍師級單位正全面消失。這都是地面戰爭即將消失的信號。小國軍隊無力角逐世界，大國志在千里，軍事

目光一定不能盯著地面。否則，還在起跑線上就已經注定將在未來失敗。

七、重點裁減陸軍，加強海空軍

這是接著第六個問題來的。陸軍是人數最多，裝備組織最複雜的軍種，而在現代戰爭中效益最低。這對於俄羅斯這個具有大陸軍傳統的國家，很不容易。這也是吸取歷史教訓的結果。冷戰期間，美國和西方不斷在蘇聯邊境造成大軍壓境的態勢，同時鼓勵中國和蘇聯在地面對峙。這讓蘇聯產生了一種地面處於危險中的錯覺，結果除了發展核子武器之外，就是拚命發展陸軍，不僅保持600萬陸軍的規模，還裝備著世界最多的坦克。結果，無力發展海軍和空軍，拱手把海上優勢和空中優勢讓給美國。這種落後一直持續到今天。傳統陸軍在現代戰爭中過時了，而有用的空軍和海軍卻不是一時半會能夠建立起來的。現在美國有12條重型航母，俄羅斯只有一條中型航母；美國第一代匿蹤戰機已經退役，俄羅斯的匿蹤戰機還在實驗室裡。再有2年即2010年，美國由4種匿蹤戰機——重型戰鬥轟炸機F22，聯合攻擊戰鬥機F35，無人駕駛戰鬥機和匿蹤戰略轟炸機組成的匿蹤空軍就將整體亮相，俄羅斯要達到這一步還是遙不可及的夢想。現在，俄羅斯仍然面臨北約東擴造成的地面壓力，但俄羅斯再也不上當了。他們頻頻舉行戰略武器演習，就是想以此逼退眼前的威脅，然後趕緊追上冷戰年代落下的差距，大力趕造海空軍武器：比如俄羅斯不久前宣佈造6艘航母和6艘核子潛艇，同時準備明年試飛匿蹤戰機。

八、確立職業化軍隊的建設方向

就像業餘拳擊手很難戰勝職業拳擊手一樣，一隻臨時徵召，訓練不夠，素質不高的軍隊，也是不可能取得未來勝利的。軍隊的技術含量空前提高。掌握這些武器，需要高級知識和長時間的培訓和實踐。這只有職業軍隊才能做得到。根據 2003 年制定的軍隊職業化計劃，目前俄海軍和空軍大部分人員(半數以上)已經是合同兵役人員。預計於 2007 年底之前，包括空軍、海軍和核子武器部隊以及所有的空降部隊和海軍陸戰隊、大多數步兵旅和所有特種分遣隊的約88 個單位將全成為志願兵部隊。這一計劃的成功開展為今天和下一步俄軍採取更大幅度的編制體制改革，奠定了基礎。

從1992年到現在，這已經是俄羅斯第五次大幅度軍改。外部巨大的軍事壓力，內部充盈的財力和與生俱來的世界雄心，正在急速催生21世紀俄羅斯新型軍隊。用不了多久，世界就將看到彼得大帝的鐵騎歸來。

第五章

東亞戰鼓

日本和F22：猛獸和「猛禽」的致命結合

短命的安倍晉三（Shinzō Abe）首相在位期間，大力推動廢除和平憲法，但和最驚世駭俗的購買100架「F22」美國頂級戰機比起來，那種舉動就不算什麼了。

「猛禽」戰機是身為空軍上校的作者格外關注的一種兵器，大概也是中國軍事學者中寫此類文章最多的人。

作者寫這篇文章，是提前預測一旦日本拿到「猛禽」，東亞將會出現怎樣的變局。在這裡，作者不客氣地把日本血淋淋的傳統和黑乎乎的罪惡記錄全抖了出來。這並不是為了對日本口誅筆伐，而是為了對日本的現實行為進行邏輯推理。

作者認為日本是一個沒有改造好的殺人犯，一旦握有先進武器，其他鄰居將會群起磨刀，那樣，東北亞的軍備競賽就開始了。

2007年4月，日本準備向美國購買100架F22猛禽戰機的消息，引起亞洲各國軍方極大震動。不過目前大家關注的還是美國會不會賣、日本何時會買到。其實，在這個問題上，除了美、日雙方，別國是沒有著力點的。孫子說「無恃其不來，恃吾有以待之」。與其僥倖地希望美、日這一交易不會成交，還不如思考一下日本將會怎

麼使用F22「猛禽」戰機，從而及早作好物質和心理上的應對。

一、日本有先發制人的軍事傳統

亞洲是世界最大的武器交易市場，不少國家屢出大手筆，均不足為奇，為何日本此舉讓很多國家格外不安？一隻大象走過，不會在動物世界引起騷動，如果是一隻野狼出現，會立即招致一片警覺之聲。日本是一個歷史上劣跡斑斑，現實中又冥頑不化，且一直蠢蠢欲動伺機走向全面軍事大國的國家。人們可以不在乎一個正直的人在腰裡配上一把劍，如果是一個沒有改造好的殺人犯，把一把明晃晃的長刀握在手裡，鄰居們會怎麼想？一位美國評論說，近代日本一直採取捕食其他動物式的發展國策。稍有世界近代史常識的人們都知道，日本有著先發制人的軍事傳統。入侵朝鮮、甲午戰爭、對馬海戰，以及後來盡人皆知的珍珠港事件，都是日本率先發動的。可以說凡是日本的鄰國，中國、朝鮮（韓國）、俄羅斯、美國和東南亞國家，沒有誰沒有吃過日本先發制人的虧。直到去年，日本軍事部門還制訂計劃，準備以外科手術的方式，空襲北韓的核設施。說明「二戰」後的日本雖沒有戰前那樣行動自如，但食肉動物類的攻擊本性，仍未退化。看看日本幾乎和所有的臨國都存在領土、領海爭端的事實就知道了。其實，把歷史往前推200年，所有這些糾紛都是不存在的。目前日本與別國的這些爭端，都是其歷史上擴張政策的產物。在和平憲法的政治約束和美日安保條約的嚴格限制下，日本尚且如此膽大；在美國有意鬆綁，發揮日本在亞洲戰略作用的今天和未來，誰能相信日本會更加收斂？

二、F22是一種「把門搗倒」的戰略進攻性武器

關於F22的具體性能無須贅述。它最突出的特點是匿蹤性能好，速度快，作戰半徑大。由於這種超級突防能力，它實際上已不僅僅是一種空軍的作戰平臺，而是具有極強戰略進攻性的超級武器。不少軍事專家，受傳統空戰思維的影響，著眼點大都放在如何以現代第三代戰機與之空戰上。我認為日本是不會花費以如此昂貴的政治和經濟代價，僅僅以其執行戰術使命的。

美國從來沒有把F22當做一種空戰平臺或運載普通炸彈的想法，雖然一再進行空戰類比，並宣稱能夠戰勝多少架第三代戰機云云，其實都是在瞞天過海地欺騙全世界。在F22正式裝備美軍不久，五角大樓官員就說，「空軍想把突破能力和遠距離投射能力結合起來，以便部署破門而入的力量，為其他陸海空軍部隊掃清道路。」而F22A戰鬥機的作用就是在戰鬥中負責「把門踹倒」。美國空軍已經決定，組建由48架F22A和12架B2隱形戰略轟炸機，組成「全球隱形打擊特遣部隊」。其戰術計劃是：全球任何地方的衝突一旦爆發，首先使用F22和B2，用三天時間完成空中和地面防空系統掃蕩任務。然後使用F35「聯合攻擊戰鬥機」甚至現有的第三代戰鬥機，展開持續進攻。美軍如此，歷史上的空軍大國日本，決不會在戰爭理念上比美國落後多少。

三、日本會怎麼使用匿蹤戰機？

有著猛獸般歷史和傳統的日本，和有著超級進攻能力的「猛禽」的結合，是致命的組合。1996年，曾在雷根政府擔任國防部長達7年之久的溫伯格（Caspar Weinberger），寫了一本《下一場戰

爭》。該書根據五角大樓的一次電腦類比推演，這樣預言般地寫道：2007年，一支大型的日本艦隊向南中國海的深海駛去。午夜時分，艦隊指揮啟動邏輯炸彈，有超強感染能力的電腦病毒迅速將臺灣的鐵路系統、空中管制系統、海上交通導航系統等切斷、鎖死。與此同時，日本匿蹤戰鬥機分別到達大陸和臺灣上空，投下電磁炸彈。強烈的電磁波雖然不殺人，但卻把電腦系統的電子元件全部摧毀。火車不能行進，飛機不能起飛，空軍陷入癱瘓，龐大的地面軍隊也不能有效地調動，戰略威懾失效，國家社會結構陷入混亂。然後，日軍強大的空中攻勢開始了。戰鬥轟炸機（普通戰機）撲向北京、上海、臺北，巡弋飛彈如暴雨般飛來……幾乎和後來美國空軍戰術司令部的設想如出一轍。

關於F22戰機的使用，應該說「溫部長」講的已經非常清楚：匿蹤戰鬥機用來投放電磁脈衝炸彈，以癱瘓對方的交通、電力、通信、軍事等等國家大系統。這已經不是1986年美國對利比亞式的普通炸彈的戰術空襲，而是一槍致命的戰略癱瘓式打擊。日本幾乎完全採用美式軍事體系，主戰兵器和系統幾乎是全部美制，其戰爭思路也大同小異。沒有比師傅更瞭解徒弟的，應該說「溫部長」描述的美國國防部關於日本戰爭樣式的想定，並非無稽之談。

需要補充的是：日本的電子電腦等資訊技術世界第一，連美國都要嚴重依賴日本的電子產品。所以，「溫部長」說的「邏輯炸彈」和「電磁炸彈」，日本不僅早已有之，而且性能比書中寫到的還要先進。它缺的只是一種高效率大航程的突防平臺，把這些「資訊核彈」東西送到敵國的領空。現在，美國準備把它送來了。

在「溫部長」《下一場戰爭》的整個描述中，幾乎沒有出現空戰的情節，隨著F22飛來的普通戰鬥轟炸機也是發射雨點般的巡弋飛彈進行空襲。「溫部長」說的很在理，不過那已是十年前的話了。

現在美軍在準備進行「一小時打遍全球」計劃了，處處倣傚美國的日本會為F22加裝什麼武器，讓這只「猛禽」更加兇悍，只有日本最新升格的防務省才知道。

四、日本購買戰機的另一層含義

日本如此大手筆，以300百億美元，買這麼多世界頂尖戰機的另一層含義是，安倍首相終於露出了藏在天鵝絨手套裡的鐵掌。該首相看似外表和藹，外交政策溫和，其實和小泉（Junichiro Koizumi）比起來，步步走的都是實招：比如上任不久就將日本防衛廳升格為防務省，現在又悄悄地出手想從美國抱回「猛禽」，以為之前的防衛廳升格賦予實質內容。可以預期，日本今後還會有更大的軍事動作。

除了向美國洽購F22之外，日本也在大力孵化自己的「猛禽」——重型匿蹤戰機F3。由三菱重工擔負研製的這款戰機，是以美國曾在與YF22競爭中失敗的YF23型戰機為版本的，總體性能優於美國的F35「閃電II」。美國還為其提供在AIM120C基礎上改進的、射程增加50%的「D型」空對空飛彈，和最新型GBU39/B精確導引彈藥。預計F3將於2015年形成作戰能力。英國防務媒體指出，F3的研製開發將大大提升航空自衛隊長程作戰能力，日本「走出去」的擴張企圖將會更加明顯。

從準備直接出售到大力扶持日本發展匿蹤戰機，可以窺見美國的戰略動機：美國現在深陷伊拉克戰爭泥沼，唯恐此時臺灣陳水扁和未來的獨派分子鬧事，引發台海戰爭，所以希望日本擔負起「亞洲區軍事副官」的責任，替它看住台海。而日本正想趁此機會，在軍事大國的道路上邁出更大步伐，雙方一拍即合。因此，關於F22猛

禽戰機，美國不是會不會賣給日本，而是何時賣給日本的問題。至於美國國內不許對外出售的規定不過是一張紙，是會隨著時勢的變異和技術的變通迎風起舞的。近來不斷有美國政府高官放言，希望日本擔負更大的戰略責任和積極行使集體自衛權。日本雖然嘴上不說，但心下暗喜，腳下急趨。

　　日本急於擁有世界尖端的匿蹤戰機，暴露出的只是日本軍事潛力和軍事大國雄心的冰山一角。看看日本的汽車、船舶製造業，就知道日本的軍工機械能力；看看日本的超級電腦和電器產品，就知道日本的資訊技術和進行資訊化戰爭的能力；看看遍佈日本的核電站和足夠造幾千枚核彈的鈽，就知道日本的核能力。前不久北韓核子試驗，日本政客就曾鼓吹核武裝。如果再看看日本的偵察衛星和排水量13500噸的大隅號准航母，以及具有反飛彈能力的神盾巡洋艦；還有2006年底開始部署的BMD飛彈防禦系統，2007年初日本成立的太空戰略司令部，在2015年建立太空基地、在2030年成為超級宇航大國的計劃……誰還敢對日本等閒視之？所有這些舉動，都是在不引起世界軍界注意的情況下，搶佔未來戰爭制高點的實質性重大舉措。與之遙相呼應的是日本領導人一再參拜靖國神社，修改歷史教科書等，若明若暗地對國民進行著事實上的精神武裝。美國高喊「中國威脅論」，日本也跟著喊，其實都是在施放戰略煙幕彈。日本一邊要求歐盟不要取消對華軍售，另一方面卻緊鑼密鼓地全副武裝。在中國人天真地向日本解釋自己永遠不稱霸的時候，日本已經在進行實實在在的大幅度軍事超越。日本的軍事能力和軍事機器的效率，曾經在二戰中嚇了西方一跳；今天誰敢輕視日本，未來誰還將大吃一驚。從明治維新後，日本就與西方一起走在軍事發展的前列，在21世紀初的今天依然如此。當今世界，再沒有哪個國家比日本的韜光養晦功夫更到家的了。某種意義上，這也是一種臥薪嘗膽。

　　亞洲對日本的擔心是必然的，但美國的做法也令人為它擔憂。日本右翼的猖獗和整體右轉傾向，世人有目共睹。在日本頗有人氣的石原慎太郎（Shintarō Ishihara），很多年前就痛責美國給日本制訂的和平憲法，把日本變成了「沒有睪丸的中國式太監」，和許多日本重量級人物一起鼓動日本對美國說「不」。但現在美國出於自己全球戰略的考慮，卻飲鴆止渴般地儘力滿足日本雄起的慾望。當年英、法默許德國重新武裝並試圖禍水東引，結果弄巧成拙自食惡果；誰敢保證今天美國武裝日本不會是養虎遺患，搬起石頭砸自己的腳？

從大戰略看日本的「右轉」

本文寫於2006年。

在小泉純一郎幾年的帶領下，這時候的日本，瀰漫著一種固執的情緒。中日關係因此也跌至冰點。

正是在此背景下，筆者對日本政治的走向，從歷史上進行了基本的梳理，告訴中國人要「亂雲飛渡仍從容」，既要對右翼的挑釁毫不留情地回擊，又不能失去理智，損害國家的發展目標。既有軍人的剛烈勇武，又有戰略大家的氣度。

日本正在脫下「西服」，換上「軍裝」！

日本在整體「向右轉」！

一個時期以來，在地球所有的方位，幾乎都有著這樣異口同聲的驚呼。世界彷彿是突然發現：在美國大張旗鼓地「反恐」；伊拉克和歐洲腹地的爆炸聲；強硬的伊朗總統驚世駭俗的反以言論；北韓核問題吸引世人眼球；全球報章都在叫嚷中國經濟崛起的時候，一個面目全非、躍躍欲試的新日本已經橫空出世。

很長的時間內，人們總以為日本是美國的副官，對日本跟在美國身後經濟強大到世界第二的地位，習以為常。豈不知，日本還

躲在中國的身後瞞天過海。一個接一個經濟、軍事、太空、能源、糧食，甚至是崩潰等等不同版本的中國威脅論，在引起美國、歐洲和其他地區對中國戒備的同時，也成為日本政治和軍事崛起的煙幕彈。由於崛起的幅度和速度都大得驚人，日本這條「航空母艦」轉向所激起的巨浪般的航跡，最終還是引起世界的注意。

關於日本重新武裝的話題，一直頻繁地衝擊著中國人的耳鼓。但僅僅不厭其煩地高呼「狼來了」，並不足以看清日本近年來一系列政治、軍事、經濟和外交行動。對於一個人，思想支配行動；對於一個國家，戰略決定一切領域的舉動。自古不足謀萬世者不能謀一時，不足謀全局者不能謀一域。觀察日本也是這樣，不從整體上和國家大戰略的層面上做深遠的解析，就不能完全理解日本對中國咄咄逼人的挑釁。

但把日本的進攻態勢僅僅理解為針對中國的，也是膚淺的。特別是在剛剛結束對二戰勝利六十週年紀念的時刻。日本不僅是100多年來，長期、連續地禍害中國，大範圍地侵略蹂躪亞洲，還是唯一一個同時向中、蘇、美、英四大國開戰的國家。對日本戰略走向的關注，實際上是一個關係21世紀戰爭與和平的重大世界問題。

一、 日本近代史上的「右轉」軌跡：從明治維新「開拓萬里波濤，布國威於四方」到法西斯軍國主義

明治維新成功，日本天皇發佈詔書「開拓萬里波濤，布國威於四方」，是日本歷史上第一次「右」轉的開始。直到第二次世界大戰，日本的政治軍事軌跡，從脫亞入歐到征服世界，最後「右」到法西斯軍國主義的極點。作為其右轉第一步和右行的基礎，日本佔領了朝鮮、中國的臺灣和滿蒙；然後是試圖滅亡中國和驅逐亞洲

的歐美勢力，成為亞洲的總霸主。在中國、美國、蘇聯和其他反法西斯國家銅牆鐵壁的阻擋和反擊下，日本的這一戰略被徹底粉碎，右行的日本基本上又被強行扭回到近代史上的起點。從閉關鎖國到瘋狂擴張，日本大戰略的第一次轉變，從1863年到1945年，歷時82年，以徹底失敗而告終。

戰敗後，日本立即從舊戰略的廢墟上180度大轉彎，採取脫亞隨美，專務經濟，醫療戰爭創傷的全新大戰略。韓戰的爆發，為這一戰略注入了一支強心針，日本的經濟迅速起步。美蘇長期冷戰，把大量國民財富投在軍事工業，又為日本在經濟和科技領域像滾雪球一樣迅速膨脹，帶來了千載難逢的契機。僅僅二十多年的時間，日本以比明治維新更快的速度，不僅完成國家元氣的恢復，還超過了除美國以外的所有西方列強。相對於二戰中那些愚蠢、笨拙的軍事行動，日本在經濟和科技領域的成就，幾乎可以用奇跡來形容。而且，日本通過這種「寄生」型的發展戰略所獲取的國家利益，遠比二戰之前一切軍事掠奪所得，要豐厚得多。

日本沿著這樣的大戰略打拼60年，完全超出了最初的「富國」目標。當到達「一人之下，萬人之上」的經濟地位後，在諸多內因和外因的促發下，日本的新想法漸漸浮出水面：希望成為正常國家——富國又強兵，實現政治、外交和軍事自立。在這一看似正常目標之下，其實暗伏著日本60年的臥薪嘗膽：結束心理上的被佔領狀態——為下一步結束領土的被佔領狀態，鋪平道路。德國的統一和獨立決定自己命運的事實，在無聲地鼓舞著日本的同時，也羞辱著日本。這一心態在四國聯合入常的2005年表露無遺——日本拚命要與德國比肩而立。不幸的是，這一正常的國家和民族情緒，卻自然而然甚至是必然地被日本某些右翼政客和組織利用，駕馭和推動著日本向著復活軍國主義的危險道路走去。在軍國主義從未得到清

算，大部分政府高官都或多或少存在著右傾意識，民間右傾民族主義盛行的今天，日本所謂的自主自立，幾乎別無選擇地只能向「右轉」。其所稱的「正常國家」不過是自欺欺人的托詞。歷史已經反覆證明，日本所謂的正常與普世的「正常」含義迥異，比如小泉首相就認為自己的參拜是正常的；靖國神社不僅認為當年進入中國是正常的，還「受到中國的稱讚」；日本今天在整體上不反省侵略亞洲的歷史，內心也是認為那一切是「正常」的。一個習慣於強盜邏輯的國家，在徹底洗面革新脫胎換骨之前，人們怎麼能夠相信它的「一如既往」的「正常」要求？日本處處以德國在世界上享受到的尊重和得到的國家報償為參照，而完全無視德國在道義境界與日本的天壤之別。只知其然，不知其所以然，在世界道德的標桿下，站在高大的新德國人面前，注定日本只能是個長不高的小矮人。

二、促使日本重新「向右轉」的內因和外因：右翼持之以恆的努力和美國睜一眼閉一隻眼的放任

促使日本重新「向右轉」的內因有兩個：一是日本國內的自主意識。1945年，當麥克阿瑟（Douglas MacArthur）初到滿目瘡痍的東京時，他感慨道：如果說美國是個45歲的中年人，日本就像個十二歲的孩子。但是，今天這個「日本孩子」長大了。它不再甘心做個孩子。它也要像美國一樣，做個大人。小孩需要大人照顧，但大人卻要自己獨立自主。二是日本右翼政治家們的不懈「努力」。從美軍開始為日本量身打造和平憲法的時候，日本右翼政治家們就開始抵制。1954年底上臺的鳩山一郎（Ichiro Hatoyama）內閣和1957年2月上臺的日本甲級戰犯岸信介（Nobusuke Kishi）內閣，相繼提出修改憲法問題，掀起右翼修憲的第一次浪潮。岸信介曾提出：「為了自衛，即使在現行憲法下也允許擁有核子武器。」在日本國

內外強烈反對聲中，岸信介1960年被迫辭職。但修憲論並沒有就此銷聲匿跡。1963年9月4日，日本憲法調查會又提出《修改憲法的方向》，大造輿論。緊接著1968年，日本防衛廳長官增田甲子七在參議院內閣委員會上稱，「憲法第九條沒規定坐以待斃」，因此日本有權重新武裝。這次修憲又告失敗後，1982年11月，中曾根康弘（Nakasone Yasuhiro）出任日本首相，再次鼓吹修改憲法。行將就木的岸信介曾密會中曾根說：「中曾根君，日本歷史上僅進行過兩次行政改革，一次是明治維新，另一次是戰後麥克阿瑟將軍搞的改革。如果平時想搞的話，不發動政變是行不通的。事情就是這樣困難，所以你要做好這種思想準備，好好幹吧！」。上任伊始，中曾根在向新聞界散發的《我的政治信念》一書中寫道：「日本必須修改美國所給予的和平憲法，這是我一貫的信念。」中曾根的修憲主張比其所有右翼前任都徹底，即完全刪除「和平憲法」第九條，擴充軍備，使日本擁有使用武力解決國際爭端的交戰權。在又一次內外夾擊的情況下，中曾根坦率地承認：「國民謳歌戰後憲法所帶來的自由，這部憲法在人們心中生了根。特別是在戰後誕生的人增多的情況下，抱著懷舊的心情去修改憲法，就只會遭到反對。」

但是，今天的小泉首相似乎比他所有的前任，決心都大。經過50年「薰陶」，今天的日本國民已經沒有了當年反對修憲的力量，反對黨在此問題上也幾乎眾口一詞。國內民眾反對的聲音異常弱小，同時，美國又開始了新一輪的鼓勵。此情此景，讓小泉覺得千載難逢。所以，人們看到一頭捲髮的小泉，像獅子一樣強橫。他不在乎中國的感受，不在乎韓國和亞洲，甚至也不在乎除了美國之外的全世界。此等「雄心」已經可以與二戰時期的日本政府媲美了。

促使日本「向右轉」的外因也有兩個：一是美國的慫恿。美國的縱容、鼓勵一直是日本右翼免於清算、得以生存、復活和猖獗的

外部條件。韓戰的爆發和美蘇的「冷戰」，是美國重新武裝日本的開始。美國曾經計劃準備重新武裝200萬日軍對付中國。1953年11月9日，正在日本訪問的美國副總統尼克森（Richard Milhous Nixon）在演說中稱：「放棄戰爭的憲法是錯誤的」。由於此後日本對美國一直亦步亦趨，所以，美國的鼓勵也一直沒有停止過。1991年波灣戰爭之後，美國需要日本除了經濟之外的更多支援，於是要求日本向海外派兵。這是一個質的變化，美國的鼓勵和日本的行動終於合二為一。今天美國加速推進全球霸權政策，又開始了新一波的給日本鬆綁行動。每當在世界上遇到對手或麻煩，美國首先想到的就是要百依百順的日本幫忙。而日本也甘心做美國的鷹犬。作為對鷹犬的魚肉犒勞，美國的每次施捨，幾乎都是政治和軍事上的鼓勵。美國人真是太知道日本人的「癢處」了。

成也蕭何，敗也蕭何。在美國的一手操縱下，日本這只被捆綁關押了60年的「吊睛白額大蟲」，已經把雙足踏出了籠外。

二是看似亞洲和國際現實中的，其實仍是日本心理上的：對中國迅速崛起的恐懼。中日並存的幾千年中，基本是以不對稱狀態為主。近代以前，中國強；近代以後，日本強。今天，日本的GDP仍然三倍於中國，遙遙領先。但中國前進的勢頭迅猛，追上日本再也不是遙遙無期的幻想。出於兩強並立或中國超出的恐懼，日本要趕在這一切發生之前，像它曾經在歷史上兩次做過的那樣，遏制或中斷中國的現代化進程。歐美一些政治家說，近期日本對中國的挑釁看起來氣勢洶洶，其實反映的恰恰是內心的畏懼；而中國國內也有不少人認為，如何探索兩強並立之路是兩國當務之急。但日本龍谷大學國際文化學院卓南生教授認為，中日關係不是簡單的兩國強弱爭霸的遊戲。小泉參拜靖國神社的目的，與其說是為激怒中國，不如說是為戰前的侵略行為辯護，目的是向日本民眾灌輸戰前思想，

醫治「恐戰病」和「厭戰病」，重樹「日本精神」。一棵枯樹要救活，必須先從根上澆水，小泉及其前任們孜孜不倦地在做的，就是在給那個已經幾乎被二戰的烈火燒死的、深植於日本民族內部的武士道精神之樹「澆水」。從戰後的發展史來看，即使沒有中國的崛起，日本也一定會走上修憲之路。作為一個對戰前政策沒有徹底反思的國家，日本總是要走回它固有的富國強兵之路的。這幾乎是歷史的必然。過去日本之所以沒有強兵，非不為也，是不能也。憲法的限制、美國的監視，東南亞、中國、韓國的監視，還有日本國內反戰、厭戰、恐戰人民的牽制，促使它只能走富國的道路。但富國之後，必然強兵，這是日本的基本國家思維。這種思維在戰前是如此，在戰後也是如此，在今天依然如此。日本右翼「駕馭」著國家右轉的一切努力，都是這一國家思維的方向決定的。中國崛起的因素，只是加劇了日本對華採取強硬的政策，但並不是日本武裝化右轉的主因。日本以「中國威脅論」為藉口，只不過是自欺欺人。

今天的日本社會，在日本政府向右轉的口號下，已經呈現出整體右轉的明顯態勢。極端民族主義甚囂塵上，日本戰後曾有過的寬鬆輿論環境已不復存在。在趨同心理極強的社會傳統下，一些原本相對客觀的主流報紙和電視臺也在向右轉。反右分子被視為異類而遭排斥，輕者受到右翼勢力的電話恐嚇，重者家中被丟進子彈或炸彈。已經有人在拿一戰後和二戰前，納粹在德國的風靡來看待今天日本民間的右傾情緒了。

也許把軍國主義復活等同於今天日本從政府到民間的整體右轉，有點過於直接和簡單。但歷史的確是這樣證明的，在日本沒有與過去的軍國主義歷史徹底割斷的情況下，未來的發展趨勢也是這樣昭示的。在互不干涉內政的國際準則下，在美國的庇護和日本朝野的全力推動下，日本的右轉已經不可逆轉。世界近代史證明，日

本右轉後的國策，就是獵食其他動物式的叢林法則。未來日本政治的走向如何，讓中國、亞洲和世界憂心忡忡。就像當年面對德國納粹的崛起，世界顯得無能為力一樣，今天面對日本的右轉，外部世界除了反覆不斷地善意提醒肩負國家安危重任的日本政治家，不要看錯了形勢，今天的世界既不是當年的世界，今天的中國更不是當年的中國——以外，似乎也沒有更多的辦法攔截這匹脫韁野馬。

三、日本新「右轉」戰略的戰術手段和前景：借助美國遏止中國最後甩開美國

日本戰後歷次向右轉努力的目標的基本戰略指向，都是掌握國家自主權。此次日本右轉依然與歷次右轉的方向一脈相乘，但在實現目標的步驟上和方法上，卻有著最新的調整：將遏制中國的崛起，確保亞洲第一的地位，列為第一目標；並以此為幌子，瞞天過海全面壯大自己，時機成熟水到渠成地推開美國的束縛，實現政治、軍事自立的最終目標，讓日本成為與美、中等平起平坐的世界大國，一舉兩得。

眼下，日本的一切戰術手段，都圍繞著第一步戰略——即挑釁中國來設計。

政治上，日本首相頑固地、不惜以損害與中國、韓國的外交關係為代價參拜靖國神社，其右翼政客屢次三番大放厥詞。細究之下，人們可發現這是一個精心的戰術設計：雖同是為歷史翻案，但矛頭只對準中、韓，而努力不觸碰美國和俄、英等國。就連臭名昭著的石原也只敢在私下抱怨美國的原子彈。而為了不開罪俄羅斯，小泉甚至去參加了莫斯科紀念二戰勝利的慶典。但沒有任何一個日本高官參加他們最應該參加的中國慶祝反法西斯戰爭暨抗日戰爭勝

利的活動。日本充分而巧妙地利用世界上的「中國威脅論」，一邊製造事端大造輿論，誤導日本民眾，一邊大幅推進修憲，渾水摸魚。

政治戰術如此，文化部門的戰術如出一轍。日本文部省一直在歷史教科書問題上鬼鬼祟祟，但從來不顛覆太平洋戰爭的事實，而只在入侵中國和佔領韓國的話題上時時歪曲歷史定論，引發一場又一場中、韓抗議，頗有吸引中、韓戰略火力，轉移世界視線的味道；

日本經濟部門一邊在世界上和中國「搶油」，一邊又在鐵礦石定價和中俄輸油管道問題上屢屢攪局，力圖對中國經濟發展釜底抽薪，堪稱國家戰略博弈的手筆；

其外交部門在東海油氣田上問題上對中國毫無道理的挑釁，直讓人覺得此無事生非的舉動背後，似有「圍魏救趙」，為台獨解困；聲東擊西為釣魚台佈局的戰略陰謀。日本一百多年前，吞併中國屬地琉球群島，中國不挾二戰勝利之威收復失地，已是顧全大局，日本反而變本加厲，從琉球（今沖繩）出發，要平分中國的大陸架，得寸進尺。也許相對於歷史上日本對中國的生吞活剝，這種蠻橫不算什麼，但從「攻其所必救」的軍事視角看上去，日本此舉並非純屬無理取鬧。至於其反對歐盟和俄羅斯對華售武，不過是這一陰謀的延伸。外交已成「伐交」，日本氣勢洶洶的面目再難遮掩。

而其軍事部門的跟進更是緊鑼密鼓：美日台准軍事同盟的成型，可視為軍事戰略威懾；《西南島嶼有事對應方針》可視為戰役計劃；而研製專門針對中國潛艇的魚雷武器和24小時監視東海的飛機，則是認真而具體的戰術準備了。這種準備還包括和美國頻繁的大規模海空演習；部署反飛彈系統；讓美國核動力航母進駐；準備

接管沖繩；與臺灣軍方勾勾搭搭等。這一切都是針對中國的。至於
美國在關島部署隱形戰略轟炸機、戰略核子潛艇，進駐全球打擊先
遣部隊等，都可看做對日本種種軍事行動的策應，只不過美國的這
種策應不完全是以日本的軍事計劃為中心。有軍事評論家認為，日
本已在東太平洋為中國構築好了一個精心設計的軍事陷阱：以三對
一的戰略態勢，打一場類似1982年英阿馬島戰爭那樣的海空之戰。
趕在中國軍事現代化完成之前，避開中國的陸軍優勢，利用中國海
空作戰經驗和裝備的短處，重演甲午戰爭的一幕。

日本對華戰略，是一盤棋，周密佈局協同動作。右轉的日本更
像一條大噸位的戰艦，迎面高速駛來。如果說中國和平發展的戰略
必然會經受許多考驗，現在第一個嚴峻的考驗就在眼前。

一貫長於戰術短於戰略的日本能否如願以償地實現其第一步
目標，只有天知道。但其欲蓋彌彰的第二步戰略目標，卻已經提前
被美國人「知道」了。看來，日本想要在大戰略的層面上，再來一
個「珍珠港」事件是難以做到了。2005年9月，日本自以為有美國
多次的表態支援，入常志在必得。豈料在關鍵時刻，美國悄悄地伸
了一下腿，就把捆綁在一起的四國全部絆倒在聯合國安理會常任理
事國的大門外。日本修改憲法的草案一起，美國的報章便嚴詞抨
擊，讓日本政府大感意外。在美國頗具影響力的《紐約時報》發表
社論說：「小泉首相竟然毫不避諱地公開擁護軍國主義這一日本最
邪惡的傳統。靖國神社不僅是供奉著日本250萬陣亡官兵亡靈的神
社，更是助紂為虐，讓軍國主義者堂而皇之地追思、祭拜那些在國
際審判中被判作甲級戰犯的14個骯髒靈魂的場所。他們在20世紀前
半葉長達數十年的戰爭中，殘忍地殺戮了朝鮮、中國和東南亞不計
其數的無辜生命。而參拜靖國神社卻使現在的軍國主義者們對當年
殘虐暴行的悔改之意消失殆盡。」社論說，現在的日本仍然殘存著

軍國主義傳統，恪守這個傳統是「愚昧和盲目」的行為。小泉首相的安保政策均為「軍國主義」的體現，是讓整個亞洲高度警惕的軍事政策。「小泉……必須抑制這種勢力的蔓延，不然後果將不堪設想。」日本報紙在轉載這篇社論時，用酸溜溜的口氣說：「該報還將獲得了日本大多數國會議員和國民支援的修憲行為視作『危險的軍國主義傾向』，其片面的論調和露骨的語言，讓人很難想像這是出自日本最大的民主同盟國美國的主流媒體之口」。

　　如果說以《紐約時報》為代表的美國報章的正義譴責，讓人們想到二戰時期美軍轟擊日本軍國主義的炸彈和艦炮的話，華府高級智囊們提出要調節中日關係的建議，幾乎就像戰後劃破日本戰略雄心的政治手術刀。12月9日，中國外交部副部長戴秉國訪問美國，美國副國務卿佐利克（Robert Zoellick）竟以紅地毯迎接，日本〈產經新聞〉說「這可是上周訪美的日本外相麻生太郎（Taro Aso）都未享受到的上等禮遇。美方並安排戴去羅斯福（Franklin Delano Roosevelt）故居，共同追憶這位聯合國的創始人。日本〈產經新聞〉稱「此行不免讓人聯想道第二次世界大戰中的美中同盟」。嫉妒、擔心之意躍然紙上。其實，日本人應該清楚美國人傳遞的政治信號。日本跟中國搗蛋，是符合美國的戰略意圖的，但如果日本不顧美國戰略意圖盲目蠻幹，甚至假「公」濟私，則是美國不能允許的。在當前美國深陷伊拉克、伊朗、北韓和阿富汗等熱戰和冷戰的困境的時候，美國最需要的是中國的協助。這一總形勢，決定了美國現在還不是打日本牌的時候。「牌手」不想出，「牌」是不能自己跳出來的。

　　日本的如意算盤是想渾水摸魚，以便趁火打劫；而美國卻想暫時讓東太平洋風平浪靜。由於日本對美國從心理到實力的全面倚賴性，由於美國雖為一己之私但並沒有到利令智昏的地步，日本雖然

已經右轉，但其能否達到其為自己設定的戰略目標——特別是第二步，其實「不容樂觀」。我們當然不知道美國政府的密碼箱裡，關於日本可以走多遠的具體限定。但從美國主流輿論的群起而攻，英國報紙、德國報紙和俄羅斯及東南亞媒體的口誅筆伐可以看出來，儘管日本國內已經基本具備右傾保守的氛圍，但國際上正義的聲音依然的響亮而堅決的。任憑軍國主義為所欲為的國際環境並不存在。這也意味著右轉的日本，不僅在亞洲被孤立、冷落，其在世界上也必然寸步難行。法西斯留在世界上的惡臭，並沒有隨著歲月的雲煙散去。而世界人民的良知，決不是日本右翼政客的花言巧語所能蒙蔽的。只要日本不改弦更張仍然一意孤行，它就永遠只能是一個政治孤島。

四、中國如何應對在伐謀和伐交的國家層面上進行著的「戰爭」？

不管日本的戰略目標實現的前景如何，中日的戰略爭端，從此是浮上水面了。樹欲靜而風不止。由於日本的「右轉」事實上破壞了兩國的政治基礎，摩擦、磕碰甚至擦槍走火以後將成為常態。中日老一輩開闢的友好局面已幾乎被破壞殆盡，勢難恢復。

中國必須認識到，和日本右翼的較量，是一場「戰爭」。一場沒有硝煙但異常嚴峻的戰爭。目前，這場「戰爭」只是在伐謀和伐交的國家層面上進行。做得好，就可以使「戰爭」避免滑落到軍隊和民眾參與的伐兵和攻城的地步。做到不好，下一代或下下一代的人們，又將踏進血海。殷鑒不遠，就在六十年前！準備打仗的口號，時隔30年後又重新在中國軍隊叫響。但準備打仗絕不僅僅是臨陣擦槍，也絕不僅僅是軍事上和物質上的準備。通過思想上的動

員、精神上的準備，將戰爭遏制在萌芽階段，遠比在刀光劍影中贏得一場血淋淋的戰爭，效益高得多。

在高度警覺意識的同時，我們也應該牢記毛澤東同志「有理、有利、有節」的處理衝突的原則。中日鷸蚌相爭，世界漁翁幾多。11月24日，《日本經濟新聞》報導說，印度總理稱，印度沒有「反日情緒」，也沒有源於殖民統治或戰爭的對日本的不信任。但「令人遺憾的是，印度希望的投資尚未到來。」《日本經濟新聞》對印度總理的話解讀說，「不妨認為，辛格（Manmohan Singh）總理講話的目的在於，利用印度的對手——中國同日本之間的關係發生摩擦的機會，重新促進日本的對印投資，而日本的對印投資額遠不及美國、歐洲和韓國等國家。由此可以看出印度通過接近亞洲國家特別是日本，追趕迅速崛起的中國的狡猾戰略」。

印度如此，其他大國心態可知。

中國應該堅持和平發展的大戰略目標，不為日本的挑釁所動，應以「太極」對「相撲」，以柔克剛，爭取時間，總體上全面壯大自己；堅持中日友好的基本策略，但同時決不放棄原則。壓制右翼不僅是國家和民族安全的歷史使命，也是中國作為大國所肩負的世界和平的責任。只有壓制右翼，才有可能維護和挽救中日友好；構築穩定的大國關係，創造和諧的亞洲政治生態，讓堅持右翼政策的日本政府被孤立和邊緣化。中國在當年抗日戰爭時期，尚且把日本帝國主義和日本人民區分開來，今天更應將右翼從日本的大概念中剝離出來。同時，軍事層面上要未雨綢繆，以日本的「右轉」為警鐘，培養全民的海洋國防意識；加速軍事轉型，鑄造以海空為主戰場的資訊化的新型軍隊。做好充分的軍事準備，必要時堅決粉碎日本新軍國主義分子的挑釁。

日本才是真正的韜光養晦

這是針對中國一句著名的口號寫的文章的標題。中國人都知道自己是在韜光養晦，而全世界都不知道日本才是在真正的韜光養晦。

有感於此，作者對400年來日本的國家戰略，進行了思路清晰的全面分析。

人們不能不驚訝於日本的隱忍功夫，人們也不能不驚嘆作者入木三分的筆下工夫。

在這裡，在戰略層面，作者又給中國提供了一面鏡子。

2007年4月日本突然出手，準備以300百億美元購買100架美國隱形戰機F22「猛禽」，亞洲和世界為之震動。6月初，世界還沒有從中國大飛機立項研製的熱議中平息下來，日本生產出的大型軍用運輸機CX和長程巡邏機PX，已經滑上跑道準備試飛！3個月中三次亮相，暴露出的其實只是日本軍事潛力和軍事大國雄心的冰山一角。7月，日本《讀賣新聞》又爆出日本正在研發自己隱形戰機的計劃。與此同時，日本完成了防衛廳升格為防衛省的戰略舉措，並一邊與美國、澳洲、印度悄悄構築「亞洲北約」，一邊緊鑼密鼓準備修改憲法第九條，以了六十年來歷屆右翼政客的夙願。奇怪的是，世界

只對日本政府高官頑固的軍國主義歷史觀略感詫異，而對日本吞天吐地的戰略意圖渾然不覺。世界都知道中國在「韜光養晦」，豈不知日本早已在韜光養晦中完成了國家重建和全面崛起。

一、日本近代歷史上的韜光養晦：400多年深藏不露的戰略機謀

　　日本有個1927年寫成的《田中奏摺》。核心內容是「依照明治大帝之最後遺志」，先征服臺灣，後吞併朝鮮，然後是征服滿蒙和中國，之後是南洋和印度，中亞和歐洲……為此要「打倒美國…與蘇作戰」。其企圖是「首先從經濟侵略入手，開發滿蒙」，然後「向滿蒙移入日本和朝鮮僑民等，建設環形之鐵路包圍滿蒙心臟……」整個計劃涉及政治、外交、軍事等諸方面，宏大而細緻。而這一計劃的前身，乃是1823年佐籐信淵（Satō Nobuhiro）《宇內混同策》的具體化。而再往前推，又可追到16世紀豐臣秀吉（Toyotomi Hideyoshi）時期日本制定的大陸政策。那時豐臣就想以武力征服朝鮮、佔領中國，進而奪取印度。這時的日本還是一個封閉的小國，就已經孕育了如此驚天動地的念頭。為這一政策的實施，日本「韜光養晦」了400多年。明治維新後，擁有全面實力的日本，即將國策轉為不擇手段「富國強兵」上。由於對中國的掠奪，奠定日本國力大發展的基礎，也使日本從此利令智昏踏上戰爭的不歸路。後來日本從軍國主義走向法西斯主義，被世界正義力量聯合打回原點，日本不得不又開始新一輪的韜光養晦。

二、戰後日本新的韜光養晦：搭乘美國順路車，以經濟 「征服」世界

美國學者說：「日本從來不是令人信服的和平主義，作為一個國家，它從來言行不一」。二戰前的日本的確如此。但二戰後日本對美國的順從，卻可以用俯首貼耳來形容。日本以國家法令的名義，徵集日婦女為美軍建慰安所，天皇每天還要親自到麥克阿瑟將軍處問安，此情此景，頗類似中國臥薪嘗膽的典故。表面上看起來日本似乎甘心作美國的戰略隨從，其實日本心中一直裝著重整河山的心願，目光一直盯著美國的錢袋。日本大量盜用美國和西方技術專利，直接拿來仿製一切東西，然後把廉價的產品返銷到美國和西方。1945年麥克阿瑟第一次乘飛機到日本，看到這個被戰火燒的只剩下富士山、櫻花和舞女的國家，感慨地說：如果美國是四十五歲的成年人，那麼日不過是十二歲的小孩，「由於這場戰爭，日本已減為四等國」。麥克阿瑟將軍的經濟顧問約瑟夫‧道奇（Joseph M. Dodge）毫不猶豫地將美元對日元的匯率確定在1：360。但到了1968年，美國對日貿易就第一次出現逆差；到1988年，日本竟然以平均一天買下一家美國大公司的速度，引起整個美國和歐洲的恐慌！此時，日本成為擁有6000多億美元的債權國，而美國卻成為5000多億美元的債務國。

日本右翼儘管屢屢在歷史問題上挑釁中國和其他亞洲國家，但從不挑釁美國，就是幾十個議員到美國做廣告，也是為了與美國無直接關係的慰安婦問題，對於美國原子彈轟炸的合理性問題，如石原等「超級右翼」也只敢私下發牢騷，國防部長久間章生（Fumio Kyuma）甚至「理解」美國。中國有句格言：「謙，美德也，過謙者懷詐；默，懿行也，過默者藏奸」。日本的「詐」

和「奸」就表現在一聲不響地等待和利用每一個機會。美國被二戰勝利衝昏頭腦，介入韓戰，隨後又導致和中國的戰爭。日本終於等到了機會：大批美國軍方的後勤訂單，從1950年後開始拉動日本經濟的第一次起飛。後來，美國又與蘇聯展開全球冷戰，日本又等到了一個千載難逢的機會：本來美國一直想把琉球群島交還二戰的盟國中國。由於中美此刻意識形態的對立，美國未經新中國認可，私自把琉球交給了日本，日本大喜過望。蘇聯解體後，美國加快稱霸世界的步伐，在全球範圍內連年發動戰爭。由於已經完成全球經濟體系的大佈局，此刻日本一躍而起，坐在美國的「戰車」上，開始嘗試海外派兵，為日後突破和平憲法，實現政治和軍事大國，投石問路未雨綢繆。現在日本判斷，美國由於連年戰爭，政治聲譽大損，正是日本實現軍事和政治大國夢想的可乘之機。

三、對中國虛實並用，聲東擊西，以獲取實質利益為目的

二戰後，日本沒有了從中國直接武力掠奪的機會，但從中國獲取利益的想法沒有絲毫改變，只是轉換了博弈的場所和層次，由孫子所說的「伐兵」和「攻城」的戰術層面，躍上「伐交」和「伐謀」的戰略層面。一是借中國突破國際封鎖之機，以對歷史問題的「反省」，用建交換取中國在戰爭賠款中的實質讓步，獲取巨大的經濟和戰略好處。二是在歷史問題上故意激怒中國，瞞天過海。日本非常清楚其自1879年吞併琉球以來，對中國長達六十多年的深重傷害，故有意在精神上刺激和折磨中國，從而讓中國在憤怒中失去理智轉移注意力，不去關注日本在實質問題上對中國的侵害。然後再以沒有實質意義的、象徵性的不去參拜或變相參拜，換取中國在諸如勞工賠償問題、民間個人索賠問題上

的忍氣吞聲。說到底，還是怕失去物質利益。三是阻滯中國現代化的發展步伐。日本國家戰略中最隱秘的根本動機，就是希望遲滯或阻止中國現代化的進程。以往日本以兩次戰爭中斷了中國的兩次現代化進程。現在日本沒有進行戰爭的可能，於是轉向其他手段。近幾年，中國走向世界步伐加劇，能源問題突出，日本於是無理取鬧，在東海把水攪渾。日本挑起東海爭端的根本目的並不僅僅是能源，而是以此戰略進攻態勢，迫使中國無暇顧及釣魚台問題；更深的動機乃是把現實爭端點，儘可能地推向中國縱深，使中國因為地理的逐漸遙遠，而不去意識到中日一切歷史爭端的起點在琉球。日本深知，近代被日本佔領的中國屬地或其他地方，除琉球外都實現了獨立或物歸原主。如果美國認定琉球是中國的，則應該交還中國，如美國認為琉球是獨立的，則應該恢復琉球國的獨立地位，有什麼理由交給日本呢？日本怕被中國翻出這本老賬，那將使日本在國際法和人類道義的層面陷入全面被動。為達此目的，日本還一再在臺灣問題上，挑逗中國。不是和美國搞什麼安保條約範圍涵蓋台海，就是邀請和允許臺灣分裂分子訪問，最近更準備派現役自衛隊軍官去臺灣。其實都是以孫子兵法中的「怒而撓之」，干擾中國戰略視線的把戲。

在一系列眼花繚亂的虛張聲勢中，日本近來又有幾個戰略意義巨大的實質性小動作被曝光：一是日本準備在沖之鳥養殖珊瑚，以將那塊不具備領土條件的礁石「養」成領土；二是日本宣佈在位於沖之鳥礁西南180海裡處，又發現一個由海底火山活動噴出物堆積而成並露出海面的「小島」。由於此「島」處於臺灣東部國際航道中心位置，一旦日本將其被納入合法領土並擁有的領海及專屬經濟區，將嚴重擠壓某些國家調查船隻及潛艇的合法活動空間。同時也將在未來的軍事對峙中佔據有利態勢。其他如大喊中國威脅論，也是日本對華大戰略的一小部分，一是配合美國嚇阻中國走向世界的

步伐，二可以作為掩護日本擴充軍備和圍堵中國的煙幕。和一意孤行，行事張揚囂張的小泉純一郎比起來，新上臺的安倍首相卻總是笑瞇瞇的態度曖昧。看起來似乎在參拜問題上給中國面子，實際上步步走的都是實著：上臺不到半年就將防衛廳升格為防衛省，現在又緊鑼密鼓、穩紮穩打地準備修改憲法第九條。然後是公開呼籲G8不要讓中國加入，要求歐盟不要對華武器解禁等，終於露出了藏在天鵝絨手套裡的鐵掌。在對華政策上，日本歷屆政府都遵循著幾百年來西進戰略。不同的只在於戰術和手段。

中國應該放過日本虛招，直擊實處。歷史問題可以交給國際機構，對涉及領海和領土的核心問題，不僅寸步不讓，還應該從中日近代史的總源頭開始討論。日本現在韜光養晦的戰略已經在實實在在地威脅中國。中國必須吸取歷史的教訓。

四、日本現在是沒有加冕的世界超級大國

看看日本的汽車、船舶製造業，就知道日本的軍工機械能力；看看日本的超級電腦和電器產品，就知道日本的資訊技術和進行資訊化戰爭的能力；看看遍佈日本的核電站和足夠造幾千枚核彈的鈽，就知道日本的核能力。前不久北韓核子試驗，日本政客就曾鼓吹核武裝。如果再看看日本的偵察衛星和排水量13500噸的大隅號准航母，以及具有反飛彈能力的神盾巡洋艦；還有2006年底開始部署的BMD飛彈防禦系統，2007年初成立的太空戰略司令部，在2015年建立太空基地、在2030年成為超級宇航大國的計劃……誰還敢對日本等閒視之？所有這些舉動，都是在不引起世界注意的情況下，搶佔未來戰爭制高點的實質性重大舉措。與之遙相呼應的是日本領導人一再參拜靖國神社，修改歷史教科書等，若明若暗地對國民進行

著事實上的精神武裝。在中國人天真地向日本解釋自己永遠不稱霸的時候，日本已經在進行實實在在的大幅度軍事超越。日本的軍事能力和軍事機器的效率，曾經在二戰中嚇了西方一跳；今天誰敢輕視日本，未來誰還將大吃一驚。從明治維新後，日本就與西方一起走在軍事發展的前列，在21世紀初的今天依然如此。

日本這只東亞猛虎，已經幾次從叢林中露出頭來，但又很快地閃身。但是，迄今也沒有多少人注意到，還以為它是六十年前那只被原子彈燒傷的可憐的小貓呢。日本已經是一個沒有被正式「授予」頭銜的世界超級大國。

五、日本深得韜光養晦的要旨：平時儘量不出頭，該出手時就出手

當今世界，再沒有哪個國家比日本的韜光養晦功夫更到家的了。從唐朝時期對中國海戰失敗，日本一直隱忍或稱韜光養晦到清朝，一千多年；從1853年屈服於美國佩里（Matthew C. Perry）將軍，到1941年襲擊珍珠港，近一百年。儘管二戰中無條件投降，但日本還是以萬分的謙卑做到了保留天皇制的基本國體，甚至保全了大批戰犯。日本也接受了美國賜予的三權分離等政治模式，並聲稱還接受了西方的民主價值觀，但同時日本還成功地保留了靖國神社等近代軍國主義的靈堂。日本不僅在韜光養晦中發展了國家經濟實力，也隱秘地復活了以武士道為核心的日本民族精神，同時還巧妙地利用美國與蘇俄、中國等大國的矛盾，經過六十多年的韜光養晦，日本已重新崛起為世界大國，基本恢復了明治維新後在亞洲的戰略進攻態勢。

中國古代兵法《六韜·發啟》中對韜光養晦本意的描述是：

「鷙鳥將擊，卑飛斂翼；猛獸將搏，弭耳俯伏。」即先示弱積蓄力量，然後待機出擊。這是面對強大者不得不採取的正確戰略，但並不是在任何情況下都必須採取的，更不是一再退讓無所作為。日本是真正領悟韜光養晦要旨的國家。比如日本對美國就是「卑飛斂翼」的樣子，對中國就一直是「鷙鳥將擊」的咄咄逼人的進攻態勢。對於並非強者的對手，有時候進攻也是一種韜光養晦。在一些看似無關緊要的地方，日本到處進行各種「援助」，以此彌補以前的惡行，贏得好感，從而獲取那裡的資源和市場。即使在羽翼未豐的時期，日本也特別注意把握時機，該出手時毫不手軟。比如和中國建交，當美國還在和中國打乒乓球的時候，日本政府已經看準了通過外交突破帶來巨大經濟紅利的「政治商機」。

縱觀整個20世紀，美國是以不戰而屈人之兵的戰略把蘇聯玩死的，堪稱高明；日本則從一個遍體鱗傷、奄奄一息的垂死之國，成為今天沒有加冕的世界超級大國，堪稱韜光養晦大師。這是一項遠比明治維新更大日本戰略成就，完全可以載入世界大戰略史。事以秘成，語以洩敗。反觀有些國家，事還未做，先是動員，後是宣傳輿論，結果舉世矚目。韜光養晦的戰略意圖被窺破，又不知權變，依然墨守成規，結果掩耳盜鈴，被別人惡意利用，處處陷入被動。比照日本成功的經驗，大有可檢討之處。

石原們：「你」為了「誰」而赴死？

2007年4月，一部由日本東京都知事石原慎太郎一手策劃，以宣揚鼓吹二戰中日本「神風特攻隊」的狂熱武士道精神的電影《我為了你而赴死》開拍。敢於明火執仗地為法西斯暴徒歌功頌德，唯有日本。如果在德國，有人這樣為希特勒的黨衛軍或蓋世太保翻案，那一定會鬧翻天。整個美國和西方，但就是因為日本現在是他們陣營的一員，所以，誰都對此視而不見。

作者聽不見國際上的討伐聲，只好自己拿起筆來，投向遙遠的這些隱性法西斯。

中日之間的政治僵局已有時日。由於中國一直只強調二戰「甲級戰犯」問題，日本指責中國無事生非，「打歷史牌」。包括美國、俄羅斯在內等在近代曾與中國和日本都有恩怨糾纏的許多大國，也以為日本首相參拜靖國神社，只不過是雙方情感與文化傳統方面的摩擦，基本上持中立立場。

但是，不久前發生的一件事，也許應該讓當今世界大國醍醐灌頂，重新思考中日關於歷史問題的爭端了。

據日本《每日新聞》報導：由東京都知事石原慎太郎一手策劃，以宣揚鼓吹二戰中日本「神風特攻隊」的狂熱武士道精神的電

影《我為了你而赴死》，4月上旬在東京帝國飯店舉行了開拍儀式。20名身穿當年「神風」特攻隊軍服的演員，跑步進入新聞發佈會現場，石原慎太郎和其他主演，也在漫天飛灑的櫻花中踏入會場。

　　作為一個地方長官，親自操作一部電影而且還是一部公然挑釁人類正義和當今世界基本歷史觀的政治電影，的確是「新聞」。不過，這新聞發生在石原慎太郎身上毫不奇怪。老右翼分子石原慎太郎，多年前就被美國歷史學者「譽」為「臭名昭著」。1989年曾和索尼公司董事長盛田昭夫（Akio Morita）、著名右翼評論家江藤淳（Jun Etō）、歷史學家渡部升一、軍事評論家小川和久等人，以對話的形式，連續推出《日本可以說「不」》、《日本還要說「不」》、《日本堅決說「不」》等書，猛烈抨擊美國對日本實行「植根於人種偏見」的政策。其最經典的比喻是：美國為日本制訂的和平憲法，割掉了日本的睪丸，讓日本變成了中國太監式的國家。鼓動日本人要堅決拋棄二戰後形成的「小國意識」，「承擔起新時代中流砥柱的重任」，成為創造新的世界歷史的主角。

　　至於石原慎太郎侮辱和攻擊中國的言論，更是比比皆是不可勝數，最近最有名的當數在沖之鳥礁反擊中國，和在釣魚台對中國進行一場「福克蘭群島」式戰爭的公開叫囂。

　　這個石原慎太郎的生父，乃是日本關東軍大名鼎鼎的高級參謀石原莞二。正是此人1931年與土肥原賢二（Kenji Doihara）、板垣征四郎（Seishirō Itagaki）等人一起製造柳條湖事件，炸死張作霖，發動「九一八」事變，揭開日本入侵中國的序幕。當年乃父「一鳴驚人」，75年後其子繼承遺志，也小小地「驚」世界一下。

　　與石原慎太郎出身類似的還有日本現政府的外相麻生太郎（其外祖父是一直對臺灣懷有野心的吉田茂（Shigeru Yoshida）首相）和官房長官安倍晉三（其外祖父是著名右翼首相岸信介）。巧合的

是：此二人在歷史問題上的反動及囂張，與石原慎太郎不相上下。

石原等人對其先輩衣缽的繼承，形象地說明了一個問題：日本軍國主義在當代不是什麼復活的問題，而是從來就沒有死過。它只不過暫時被壓制。在二戰中，它雖然被中、美、蘇和其他反法西斯國家的政治和軍事力量所打敗，但在二戰後由於美國出於自己戰略意圖的有意包庇和保護，潛隱下來。60年後斗轉星移形勢變化，日本右翼以為時機已到，於是蠢蠢欲動又借屍還魂地招搖起來。

無論是觀察日本民間高漲的民族主義，還是透視日本政府高官的右翼言行，只有從這個基點出發，才可以得出合理的解釋。

60年來，日本右翼從沒有放棄過重新帶領日本「向右轉」的努力。從二戰後美軍開始為日本量身打造和平憲法的時候，日本右翼政治家們就開始抵制。1954年底上臺的鳩山一郎內閣和1957年2月上臺的日本甲級戰犯岸信介內閣，相繼提出修改憲法問題。岸信介曾說：「為了自衛，即使在現行憲法下也允許擁有核子武器。」1963年5月14日，日本內閣會議正式決定將每年的8月15日定為「終戰紀念日」，在當年的追悼儀式上，首相池田勇人（Hayato Ikeda）大肆美化日本侵略。在政府政策的影響下，日本新民族主義開始抬頭，右翼勢力趁機公然推出「大東亞戰爭否定論」，使日本為侵略戰爭翻案活動進入新階段。1968年，日本防衛廳長官增田甲子七在參議院內閣委員會上稱「憲法第九條沒規定坐以待斃」，因此日本有權重新武裝。1982年11月，中曾根康弘出任日本首相，再次鼓吹修改憲法。行將就木的岸信介曾密會中曾根說：「中曾根君，日本歷史上僅進行過兩次行政改革，一次是明治維新，另一次是戰後麥克阿瑟將軍搞的改革。如果平時想搞的話，不發動政變是行不通的。事情就是這樣困難，所以你要做好這種思想準備，好好幹吧！」上任伊始，中曾根在向新聞界散發的《我的政治信念》一書中寫道：

「日本必須修改美國所給予的和平憲法，這是我一貫的信念。」中曾根的修憲主張比其所有右翼前任都徹底，即完全刪除「和平憲法」第九條，擴充軍備，使日本擁有使用武力解決國際爭端的交戰權。只是迫於當時國際國內的形勢，這些主張都沒有得逞。但其右翼主張卻在日本民眾的思想中潛移默化，成為推波助瀾的民意基礎。

在日本右翼政治家臥薪嘗膽「堅韌不拔」的同時，民間右翼思潮暗流洶湧。從一系列影片的內容就可見一斑。先是早期以炫耀、懷念歷史上軍力輝煌的《軍閥》、《山本五十六》、《啊，海軍》等影片，到近來以宣揚武士道精神的《男人的大和號》，再到極力塑造日本的頭號甲級戰犯東條英機所謂「自尊愛國」形象為主旨的《自尊——命運的瞬間》，層出不窮。《自尊——命運的瞬間》影片製作者毫不掩飾地說，「我們想在電影中主張日本沒有進行過侵略戰爭」，「要通過這部影片改變日本國民對歷史的認識」，「要達到這個目的，沒有什麼手段比電影更為有效了」。只不過那時的美國正和以前蘇聯的東方陣營大打冷戰，雙方都沒有在意；而中國忙於文革也無暇他顧。中國人能看到的日本影視，不是《望鄉》就是《追捕》，再不就是《阿信》和《一休》，幾乎沒有誰知道日本在想什麼、向什麼地方走去。

除電影之外，1982年6月5日，日本文部省批准對翌年使用的高中歷史教科書中對中國的「侵略」二字改為「進入」，將朝鮮的「三一」獨立運動改為「暴動」，明目張膽地篡改歷史。

後來東歐劇變，蘇聯解體；中國改革開放一枝獨秀，引來不懷好意的「中國威脅論」；再後來美國大張旗鼓地「反恐」；伊拉克和歐洲腹地的爆炸聲；強硬的伊朗總統驚世駭俗的反以言論；北韓核問題吸引世人眼球……在這一團又一團此起彼伏的國際政治的煙

幕中，一個完成了經濟崛起的新日本已經悄然出世並躍躍欲試。

關於日本的國家性格，從山岡莊八（Yamaoka Sohachi）寫的《德川家康》可以得到直觀的理解。

1542年12月出生的德川家康（Tokugawa Ieyasu），十六歲開始領軍，經過漫長的五十八年征戰，終於統一日本全國。它一生的成長軌跡清晰地分為：弱——由弱轉強——強三個階段。德川家康有句名言：「人生有如負重物登山路。」忍常人所不能忍，在忍耐和等待中崛起，越來越沉穩和內斂——德川家康的這一性格也是近代日本的真實寫照。讓人驚嘆的是，日本近現代的發展軌跡，也和德川家康的經歷一樣：弱——由弱轉強——強。近代的明治維新和二戰後重建這兩個時期，是日本的「弱」，此時日本像德川家康一樣，沉默不語，認真學習先進知識，埋頭發展國家實力；近代史上的甲午戰爭，日俄戰爭，以及戰後五六十年代的經濟飛速發展時期是日本「由弱轉強」的時期，此時日本，就像含苞的櫻花為即將來臨的絢爛怒放等待春天一樣蓄勢待發。日本發動二戰和戰後一躍成為全球經濟超強的當代日本，是日本「強」的時期。這個時期日本將「野心」萬丈，一發不可收。歷史上日本的一個「強」期給世界帶來的震撼儘人皆知；但眼下日本第二個「強」期將會讓世界怎樣的驚詫，還在漸漸的展現中。

德川家康是個奮發圖強，百折不撓的武士，他有著不肯服輸的夢想。戰後的日本又何嘗不是這樣一個「群體」性的德川家康？在二戰後一片蕭條的日本，到處都可以聽到《武士》這首歌：「你若是真正的武士，就不要為了一次戰敗而頹廢，日本的旗幟依舊高高飄揚，或許不久就會再度遍佈於世界各國的土地上。」日本只用了二十多年時間，就從戰爭的廢墟上一躍而起，重新進入列強行列。今天，作為經濟強國的日本，可以說是以另外一種方式完成了自己

永不服輸的夢想。

　　德川家康的戰略就是附強，依附現在的強，全力以赴的為戰勝這個強和強來其他的強而鍛煉、磨礪自己的力量，為將來的沖天之戰做好準備。今日的日美同盟正是德川家康這種附強戰略的國家級翻版。至於未來的演變，只能讓未來來回答。

　　日本再也不是被人們遺忘在波濤汪洋的歷史中的那條小船，而是一條乘風破浪的「航空母艦」。所以，世界特別是亞洲突然發現今天的小泉首相，似乎比他所有的前任「決心」都大。在歷史問題上，他不在乎中國的感受，不在乎韓國和亞洲，甚至也不在乎除了美國之外的全世界。在他之前戰後歷任日本首相中，只有中曾根康弘參拜過一次靖國神社，而小泉已經連續參拜了5次！此等「魄力」和強橫已經可以與二戰時期的日本政府媲美了。而在他的身後，是成批的日本議員去參拜。

　　一派狂熱的右翼氛圍中，甚至日本天皇也罕見地到塞班島（Saipan）去祭奠當年戰死的日軍。

　　正是在這樣的背景下，中國反對日本首相參拜靖國神社，有了超越中日雙方政治摩擦的意義。那不是單純的雙方歷史觀之爭，而是攸關人類正義與邪惡的較量。而且完全可以說，今天的這種鬥爭，本質上仍是六十年前那一頁歷史的延續。眾所周知，六十年前的中日戰爭不僅僅是中日的事情。中國當年以軍事方式進行的抗日戰爭結束了。但日本軍國主義並沒有被消滅，它只是被打倒，而現在又重新站了起來。我們不能再自欺欺人喊幾聲「警惕」，就對國家、民族的未來命運和人類的良知「交差」。必須上升到戰略層面的高度，對付日本新軍國主義猖獗的問題。不僅要毫不退讓，還要準備防患於未然，必要時以堅決果斷的手段，將這個復活的惡魔扼死於搖籃中。

從石原慎太郎想到德川家康，我還想說，發生在東京帝國飯店前的一幕，對美國也是一個不祥的信號。甚至可以說，這是美國當年扶持日本右翼的政策「搬起石頭砸自己腳」的開始。

在1995年世界反法西斯戰爭勝利50週年之際放映的日本影片《自尊——命運的瞬間》中，把日本發動太平洋戰爭說成是為了打破「封鎖」，而偷襲珍珠港則是「自衛行動」，指責遠東國際軍事法庭對日本戰犯的審判是「不公正的」，是「戰勝者對戰敗者的復仇」。影片還借東條之口說，如果日本承認侵略戰爭的罪行，「將為日本埋下禍根」，日本將被視為「最壞的國家和民族，我將愧對日本的子孫後代」。影片最後竭力渲染東條在「命運的瞬間」保持了悲劇式的「自尊」，以此教育整個日本國民都這樣「大義凜然」。

如果美國認為中國在「甲級戰犯」問題上對日本首相參拜靖國神社的批評，是中日雙方的歷史爭端的話，那《自尊——命運的瞬間》對美國和全世界的挑釁是什麼？

美國人並非不知道在解除了日本物質武裝以後，應該解除日本人的精神武裝，並且非常清楚靖國神社其實就是日本精神武裝的彈藥庫。麥克阿瑟曾想將其付之一炬。可是冷戰的新政治現實，竟令美國人置人類大義於不顧，最終放棄解除日本精神武裝的努力。經過60年，日本終於開始重新進行精神武裝，並已經達到統一國民意志的程度。小泉首相及其內閣在歷史問題上一意孤行甘冒天下之大不韙的背景正在於此。

誰都知道，當年的「神風」特攻隊是日本在太平洋戰爭後期對付美國軍艦的人彈。在《我為了你而赴死》開機儀式上，石原慎太郎大放厥詞稱：「這是一部講述有為青年進行死亡任務的電影。和平是美好的，但和平卻對民族主義有負面影響。過去60年的和平

中，日本失去了很多東西，包括堅強的意志。」

石原慎太郎親自策劃的這部電影想宣揚什麼，不打自招。

已經有美國學者意識到日本借否定歷史重新武裝的問題。霍普金斯大學（Johns Hopkins University）賴蕭爾東亞研究所（Reischauer Center for East Asian Studies）所長卡爾達（Kent Calder）不久前說：「如果把過去那場戰爭正當化同曾與日本作戰的美國的歷史觀對立起來，那麼在對歷史做不同解釋的基礎上就無法建立穩定的同盟……一旦有更多的美國人瞭解靖國神社是怎麼回事，日美關係就有可能遇到阻礙」。華盛頓大學（The George Washington Univeristy）亞洲研究所所長莫奇斯說「美國的精英全都否定靖國神社的歷史觀」。美國的歷史學者普遍擔心，日本首相對靖國神社的參拜及日本國民的整體右翼化，將導致日本放棄最初的承諾。

可以預計的是，日本完成精神武裝之後，必將重新進行物質武裝。日本正在醞釀修改憲法，成立正式的日本軍隊，並在去年申請成為安理會常任理事國。雖然這一計劃暫時受挫，但日本前進的方向清晰可見——那就是成為二戰前那樣不受任何約束和限制的政治和軍事大國。成為具有全面功能的正常大國本屬正常，但日本以軍國主義激勵民眾走向「正常」的做法卻極不正常。不僅對日本，對世界都寓含著一種巨大的危險。

日本哲學家梅原猛（Umehara Takeshi）2004年4月在《朝日新聞》發表文章指出：「我認為首相參拜靖國神社無異於想要使大教院復活……總有一天會招致理性的復仇。令人擔憂，小泉首相是不是在重蹈發動冠冕堂皇的魯莽戰爭、即使敗局已定也不住手、最後使得日本生靈塗炭的東條（Hideki Tōjō）首相的覆轍」。

歷史已經證明，軍國主義是一條死路，就像石原慎太郎在《我

為了你而赴死》中想要復活的那些「神風特攻隊」當年踏上的征程
一樣。

讓我——也是讓這個世界大多數善良的人們——不解的是：
「你」——當年的日本人——當年到底是為「誰」而「赴死」？石
原、小泉、麻生、安倍等日本新右翼政治家們，你們今天帶領日本
向右轉，重新走上軍國主義的絕路，又要讓日本人為「誰」去「赴
死」？

牛與狼：一語說儘千年中日關係的實質

　　　　作者以形象、生動的筆調，把中日關係的實質，像素描一樣，簡短几筆就刻畫得惟妙惟肖。小泉當政時期，是中日關係最充滿火藥味的時候，於是，作者關於日本的文章最多，火力也最猛。

　　　　但是，此文卻不是檄文，而是略顯鬱悶的自我檢討。因為這裡扯出了中華民族劣根的一面。

　　　　季羨林說：歌頌國家的人是愛國，批評國家的人也愛國。

　　小泉還沒有下臺，中國人就開始注意他的繼任者會採取怎樣的對華政策了。

　　生為中國人，幾乎就注定必須要關注日本。一部中國近現代史，大部分時間都在與這個東洋島國做著驚心動魄的生死糾纏。因為日本入侵，中國融入世界現代化的進程兩度被中斷；因為「鬼子來了」，億萬中國人的生活與命運，被悲慘地改變。最讓中國人難以釋懷的是，原本希望所有這一切噩夢，隨著一場巨大的勝利而徹底結束，卻不料隨著歲月的演進，那個曾經折磨中國百多年的幽靈，似乎又借屍還魂地出現在眼前。

　　日本駐中國大使阿惟南茂今年離任時，心情沉重地說：中日兩

國人民還存有很重的心結。兩國政府的冷淡已有時日。當年同樣與日本進行過血戰的國家，早就翻開了新一頁歷史；同樣有著百年恩仇的歐洲國家，廝殺過後也已經化干戈為玉帛，為什麼中國與日本還背負著沉重的歷史包袱，「繼往開來」？

自古不足謀全局者不能謀一域，不足謀萬事者不能謀一時。思考中日關係，只有從宏觀的角度打量，方能從歷史中洞察未來的走向。

一、中日之間戰爭與和平的歷史規律

千年以降的中日關係，總體上是由中日雙方的實力對比決定，並由日本任意操弄的。中國比日本強大，日本俯首稱臣，則中日關係呈現和平友好。明朝中期以前基本如此；中國與日本實力持平，日本則處心積慮尋機禍華取利，中日關係則在戰爭與和平的邊緣徘徊。明朝後期清朝中期以前的歷史如此；中國比日本弱小，則日本必發動戰爭侵略中國，晚清及民國時期的歷史是也。

這就是中日關係全部的歷史，也是中日之間戰爭與和平的基本規律。

為什麼中國強大不征服日本，而日本強大一定要對中國發動戰爭？這是因為中國地大物博，自給自足，故農耕民族的中國，素無擴張意志。秦軍威猛，而築長城，明朝海軍曾經天下無敵，但也只是用來進行友好訪問。而日本地狹物貧，一直垂涎中國物產，始終有「登陸」的夢想。二是日本乃海洋民族，天生有擴張基因，好戰意識，近代日本海、陸軍的表現，中、俄、美都有血腥的體會。日本歷史學家井上靖（Kiyoshi Inoue）和鈴木正四合著的《日本近代歷史》中說：「像這樣沒有間斷地從戰爭走向戰爭的國家，近代世界

歷史上，除日本而外，找不到第二國。」兩個美國學者在《下一次
美日戰爭》中說：「日本從來不是令人信服的和平主義。作為一個
國家，它從來言行不一。」中國重義，日本趨利，此為文化原因。

美國人說近代日本採取的是捕食其他動物式的國策。以此延
伸，可以將中國與日本簡單地想像成一頭牛和一匹狼的關係。牛吃
草，狼吃肉；牛無意於狼，但狼始終矚意著牛。牛壯狼幼，相安無
事；牛病狼壯，則狼噬牛。這就是近代中日關係主動權始終在日本
手裡的原因。

二、當今中日關係正處於脆弱的平衡期

當前中日國家實力對比的總體態勢是：日本在經濟和科技方
面，大幅度領先中國；借助日美同盟的戰略捆綁，軍事力量也略優
於中國；中國則在政治方面、發展速度和潛力方面領先日本；如果
再算上傳統的國家實力要素——人口、幅員、地理、民族精神，總
體衡量，中日應該處在基本實力相當的程度。

根據中日關係的歷史規律，在此情況下，既無真正和平的基
礎，也無迫在眉睫的戰爭危險，有的只是對峙狀態下不斷的摩擦和
勾心鬥角。這就目前是中日關係不戰不和——即冷戰或冷和平狀態
的基本解釋。

這是一種不穩定的哲學上的相對靜止。歷史上這一時期的出
現，成為中日從和平轉向戰爭的過渡階段。但今天這一類似狀態的
出現，卻不大可能重蹈歷史的軌跡。原因在於，歷史上這一階段的
出現是日本崛起、中國衰落相對運動中的一個短暫的平衡；今天這
一形態的出現，則是中國追趕日本，將在總體上與日本並駕齊驅的
「平衡」。歷史上這一階段的後續，是中國必然的迅速落後，從而

導致日本對中國發動大舉進攻；今天這一階段的後續狀態則意味著中國大有可能後來居上。

這種否定之否定的貌似狀態，不僅給中日雙方也給世界的戰略家們，提供了一個巨大的想像空間：當中日兩強並立，將會是什麼情形？當中國超越日本，中日關係又將如何？是會再現中日歷史上和平共處的景象，還是呈現世界地緣政治中常見的一山不容二虎的景觀？

日本主流論調是擔心強大的中國將向日本復仇，其實是多年來已經習慣了亞洲老大和世界列強的地位，不願被改變。因此，無論日本學界、政府和民間，都有一種心照不宣的默契，那就是借助美國的力量，集中日本的力量，全力阻止中國超越日本，同時加速日本軍事化的步伐，儘快成為一個國際政治大國，拉大與中國的距離。日本加強美日同盟；在能源、外交、文化等幾乎所有領域對中國的阻撓、挑釁和杯葛；自衛隊以中國為假想敵的露骨軍演；破除和平憲法；拚命「入常」等等行為，全部的動機都在這裡。一些日本右翼極端分子，甚至鼓噪要對中國發動戰爭，中斷中國第三次現代化的進程。

據不久前《朝日新聞》進行的民意調查顯示，一貫對中國十分強硬，被日本歷史作家保阪正康類比為東條英機的小泉，是第二次世界大戰以來第二受歡迎的首相；8月29日《朝日新聞》及《每日新聞》又曝料稱，首相接班人安倍晉三背後的智囊，是清一色的超保守派右翼分子。他們已經建議安倍晉三在當上首相後，「以恢復以往首相在春秋兩祭參拜靖國神社的慣例為基本，不用太計較參拜是否在『終戰紀念日』（8月15日）」。報導認為他將超越小泉純一郎，選擇走超級保守化路線。據稱，韓國目前已經做好心理準備，應對「超級鷹派」日本首相的誕生。

安倍還沒有上臺，已多次宣稱要修改憲法——這是比參拜靖國神社嚴重得多的實質問題。如果說小泉之前，日本一直在進行的是精神武裝，安倍之後，日本將開始進行物質武裝。種種跡象表明，日本已經選定了與中國對抗的路線。由此推斷，今後中國面對的日本政府，將會一屆比一屆強硬。不是因為日本首相的個性，而是日本循著歷史規律的慣性所表現出的整體國民心態，決定了這一點。

但是，選擇與中國對抗的國策會達到日本的目的嗎？

三、300多年來中日誰也沒有徹底戰勝過對方

如果從16世紀後半期豐臣秀吉制定征服朝鮮、佔領中國、奪取印度的計劃算起，將倭寇擾邊、騷擾看做日本對中國的偵察、窺探，而將1874年日本入侵臺灣併吞中國屬地琉球開始至1945年，視作日本連續的軍事進攻階段，則日本從謀華到侵華，從蠶食鯨吞到全面征服歷時300餘年。期間只有戰術性停歇，並無戰略性中斷。和當年英法百年戰爭互有勝負的情形不同，300多年中都是日本在進攻，中國在退讓。

日本雖然連續不斷地奪占中國領土，甚至佔領了半個中國，但終於還是沒有取得最後勝利，反而向中國遞上了降書。

當然，中國300多年的抗日戰爭期間，也沒有徹底戰勝過日本，一次都沒有。戚繼光何等威武，也不過是傾舉國之力殲滅了一些日本浪人的游擊武裝，而沒有揮師東向直搗黃龍的力量和氣魄。只是在第二次世界大戰中，中國在為世界反法西斯戰爭做出重大貢獻的同時，也在美、蘇和全世界反法西斯國家的支援下，贏得了抗日戰爭的勝利。但是，由於不是依靠自己的力量單獨戰勝日本，所以，最後並沒有取得佔領日本、改造日本的全部或大部權力，甚至沒有

收回琉球等中國故土。這是一個巨大的戰爭後遺症。

正是因為這一戰爭後遺症，日本右翼死灰復燃，屢屢翻案，使戰後中日齟齬不斷；同時，由琉球（日本稱沖繩）而起釣魚台爭端，又由釣魚台爭端引出東海中間線問題。中國300多年抗日戰爭的結果，只是把日本打回到了甲午戰爭前，而沒有打回到日本侵華開始的原點。今日日本正是從此開始，又向中國發起步步為營的進逼。

中日歷史上最大的不幸就在於誰也沒有徹底戰勝對方，否則一切都一了百了。日本一直有人夢想傚法蒙、滿建立元清那樣征服中國，直至今天還癡人說夢地希望中國分裂為「七塊」，以為日本再一次提供入侵機會。然而300多年的中日戰爭史，無情地證明了這樣一個事實：在中國衰落到極點、日本興盛到頂峰時，雙方進行的大對決中，日本都沒有能力戰勝中國；今後這樣的「歷史機遇」再也不可能出現，日本如果再選擇與中國對決，會得到什麼樣的「武運」呢？

從中國來說，歷史上從來沒有單獨徹底戰勝過日本，未來有沒有這種可能？如果有，則大可一戰永絕後患。但至少從目前看，這種「可能」很模糊，而模糊的前景是不能作為國家大戰略依據的。

既然雙方都沒有把握在未來徹底戰勝對方，選擇對抗就是在重蹈歷史的覆轍。既往的戰爭，導致了中日兩敗俱傷的結果。戰爭對中國造成的傷害罄竹難書無以復加；日本雖然從對中國的戰爭中，掠奪了很多財富，甚至奠定了日本現代化的基礎，但日本也為此付出了國破家亡的代價——非止如此，在二戰結束六十年後，惟有日本還處在被佔領的不正常狀態。這個結果和教訓，對於雙方還不夠刻骨銘心嗎？

四、中日關係的宿命：除了和平別無選擇

除了和平，別無他途。這是中日關係的歷史宿命。

中國已經從中日關係的歷史中，深刻地認識到了戰爭沒有出路，只有全面發展、壯大自己，才是和平最可靠的保證。毛澤東在抗日戰爭時期就說過，日本沒有大政治家。從今天日本對中國採取的進攻性對抗政策來看，它的現代政治家們依然是戰略近視。

用不著高深的政治學知識，就能看出來，如果中、日雙方不能從歷史的羈絆中解脫出來，繼續對抗，則不僅雙方六十年來和平建設的成果，將在互相爭鬥中抵消殆盡，兩國還不可避免地將成為鷸蚌，為別人利用。事實上現在美國就是在利用日本的這種戰略短見，使其牽制中國，為自己的全球戰略服務。

要和平，必先和解。從中國第一代領導人前無古人地放棄了鉅額戰爭賠償；用心良苦地將日本軍國主義與日本民眾從理論上分離開來，以化解中國人對日本的整體仇恨；不追究日本天皇事實上重大的戰爭責任，就可看出中國希望中日「世世代代友好下去」和「永不再戰」的真誠。今天中國和平發展，不與任何國家為敵的國策更是舉世皆知。可以說中國對日本和解的努力已經仁至義盡。日本從第二次世界大戰中明白，日本並沒有爭奪世界霸權的實力，所以徹底放棄了「驅逐白人，解放亞洲」，與美國等西方為敵的戰略。但它並沒有從中日300多年戰爭的教訓中清醒過來，更沒有認識到中日關係的宿命。它以為憑著它發達的科技和經濟力量，靠著美國的支援它還可以做亞洲的「老大」。這就是它甘做美國鷹犬，仍舊抱持遠交近攻的陳舊思維不放，與鄰為壑的深層動因。

黑格爾（Georg Wilhelm Friedrich Hegel）說，一個民族有一

些關注天空的人，他們才有希望；一個民族只是關心腳下的事情，那是沒有未來的。日本是個哲學貧困的國家，時至今日，也沒有從「腳下」抬起頭來「關注天空」，這不是苦口婆心的道德教化和委曲求全的一相情願，所能改變的。對此，志在千里的中國，必須運用高度的戰略智慧，既持菩薩心腸，又顯霹靂手段；既堅持原則毫不退讓，又必須巧妙和果斷地甩開日本糾纏。借鑒美、蘇經驗，以鐵血決心擊滅日本極端分子軍事冒險念頭；對日本右翼，以全球統一戰線圍之。其翻案歷史，挑釁的絕不只是中國，而是人類的正義，中國完全可以將這些偏執狂置於世界輿論的「爐火」之上「烘烤」，自己則趁勢甩掉「包袱」佔據世界道義高地，為拓展新時期國家利益服務。中國發展得越快，尊強鄙弱的日本意識到必須與中國「真正友好」的那一天，來到的就越早。

中日隔著琉球，哪有東海爭端？

　　本文寫於2009年。這篇文章格外重要，原因在於，作者提出了一個領土、領海爭端談判中應該注意的一個原則：歷史權益。

　　現在有些人動不動及跟人家談什麼聯合國公約，聯合國什麼時候成立的？20世紀中葉。那聯合國成立之前的爭端怎麼辦？顯然應該看歷史。

　　那些新興的強國，沒有歷史依據，於是就依據什麼地理概念呀，聯合國的規定呀，把水攪渾，渾水摸魚。

　　本文看穿這些國家的把戲，在中國發行量最大的報紙之一《環球時報》上公開發文，以東海問題為例，提出日本人不敢提、一些中國人又害怕提的琉球問題。非僅如此，作者在2009年10月31日，在中央電視臺4頻道做客時，再一次公開提出這一問題，以期喚醒國人。

日本又挑起東海油氣爭端了。長期以來雙方外交官費盡心機，試圖找出一個能讓雙方都能接受，又一勞永逸不會再生齟齬方案，卻始終未得。我認為，中日之間的現實問題就像一團糾結的亂麻，東海問題只是其中的一個線頭。如果雙方只是面對現實，從地理上去梳理，是不可能從中找出正確的通向未來的共同路徑的，原因在

於，割斷了歷史的現實，就像斷線的風箏沒有方向性；地理爭端也因此成為貌似公正的「爭球」，從而引發更大的對抗。

眾所周知，東海爭端，核心是中日雙方對中日海上分界線的主張不同。中國認為東海劃界應是按照國際上通行的大陸架自然延伸原則，而日本則要求在中日兩國之間以「中間線原則」來劃分東海，且以雙方爭議的釣魚台為日方領土的起點。如果不看歷史只看地理，必將陷入自說自話，爭端永無休止的境地。現在雙方在東海問題上取得的共識，就是雙方運用外交智慧，巧妙迴避爭端的結果。但迴避並不是解決，所以，新的糾紛現在出現，未來也無法避免。

如何解決東海「爭端」，取決於如何客觀公正地看待這一問題。我主張，雙方都從海面上抬起頭來，回望一下歷史。現實世界的一切，都是歷史因果鏈的一環。著名戰略學者倪樂雄有一句名言：歷史是一部長長的故事片，現實只是其中的一張膠片。我們要讀懂這張膠片的含義，必須看完全劇。中日之間使用得最多的一個辭彙是「以史為鑒」。其實，歷史不僅僅是鏡子，還是許多現實問題的源頭。就以眼下日本跟中國爭議最多的東海問題來說，如果循著歷史的線索看，其脈絡並不複雜。

僅僅140年以前，中日之間既不接壤也不接海，因為雙方之間隔著一個琉球。琉球國位於日本九州島和中國臺灣島之間，由三十幾個小島組成。自明朝始，琉球國與中國結成宗藩關係，最後一個琉球國王尚泰，在1866年接受清朝冊封。後來日本明治維新，「開拓萬里波濤，布國威於四方」──西方學者形容日本採取的捕食其他動物的政策，侵略矛頭向西，琉球成為日本第一個獵物。時中國清朝雖然國勢衰落，仍然因此和日本發生爭端。1872年日本天皇強行冊封琉球國王尚泰為日本藩王，將其國民列為「華族」。琉球之

失，曾讓中國著名詩人和學者聞一多「哭」出《七子之歌》。以今天的語境，琉球固然不能說是中國的一部分，但也絕不是日本的一部分，因為日本的併吞至今沒有得到國際承認。因此，第二次世界大戰結束後，美國幾次提出把琉球歸還給中國，只是蔣介石忙於內戰，沒有接收。美國為什麼這麼做？顯然是尊重東亞的近代史。說這一段是為了說明，稍遠一點的歷史上中國和日本根本沒有東海劃界問題，之所以今天出現，完全是日本近代侵略矛頭一直向西，戰敗後又沒有退回原點，仍然站在近代侵略的部分戰果上面對中國和世界的結果。

日本強行併吞琉球，將其改名為沖繩。之後，日本又和中國清朝在臺灣發生了爭議，然後又因為在朝鮮的爭議，兩國艦隊在黃海爆發甲午戰爭。後來的歷史由於距今天較近，所以人們的記憶也清晰得多：由於中國步步退讓，日本步步緊逼，日本又在上海、東北和北京的盧溝橋和中國發生「爭議」，終於引發兩國全面戰爭。

如果中日歷史只是兩國之間的故事，今天也不會有什麼東海劃界問題，事情很簡單：日本戰敗，退回琉球以東，琉球復國，中日重回1870年以前的地理態勢，隔琉球相望就是了。遺憾的是，歷史不能假設。由於美國因素的介入，和隨後中國內戰、世界冷戰，中美對峙而美日結盟，美國出於對抗中蘇東方陣營、製造中日潛在糾紛的考慮，不僅沒有讓日本把它在近代史上非法吞併的獵物全部吐出來，還惡意損害中國利益。致使中國不僅沒有收回琉球，連釣魚台也被美軍非法移交給日本。新中國堅決不承認這一非法移交，但日本卻由此抓到可以跟中國「爭議」的把柄。日本今天之所以提出要在東海跟中國平分東海，其依據就是認為釣魚台是它的，所以要求以釣魚台為起點跟中國畫線平分東海。其實，關於釣魚台的「爭議」在歷史上同樣是清晰的：釣魚台是臺灣的「尾巴」，臺灣被割

讓給日本的時候，它是一塊被割走的，只是在二戰結束臺灣回歸中國的時候，這個尾巴在美國的手裡，沒有一起回來。但在法理上，這並不影響它的主權歸屬。日本現在對釣魚台的主權主張，全部的依據就是釣魚台是美國移交給它的，但美國有什麼權力移交中國的領土？如果這種邏輯可以成立，世界必將大亂。而以這種「依據」為基礎，又得寸進尺繼續提出平分中國東海的無理要求，真讓人有時空倒流的感覺。其實，日本有些人並非不知道自己在歷史上的「心虛」，所以，一再指責中國糾纏歷史，試圖就現實論現實，把水攪渾，以遮掩歷史的真相，渾水摸魚。二戰以前奉行軍國主義的日本，在世界上向來完全蔑視國際準則，爭強好戰，幾乎和所有的鄰國以及很多西方國家都發生過戰爭。就中日兩國二戰前七十多年的歷史而論，日本是一步步從海向島、向岸、向內地蠶食鯨吞。作為這一過程的前奏，就是不斷地和中國發生「爭議」，然後強力搶奪。這種總是不斷到別人的地盤上發生「爭議」的「傳統」，被戰後一些右派人士繼承，有時甚至被當做一種政黨和國家戰略，在政治和外交上一再使用。

縱觀新中國六十年來的對日政策，始終貫徹以友好為指南，為此做出了許多在世界歷史上絕無僅有的大義之舉，中國的誠意因此也感動了日本，使之成為先於美國與中國建交的國家。不幸的是，隨著中國改革開放，日本政界很多人開始擔心中國發展會影響到日本的地位，因此想方設法予以牽制和遏制。一些學者認為中日東海之爭是為了海底資源，其實這只是表像，背後還有更深刻的政治根由。

在日本方面抗議、指責中國方面此次開發天外天油田時，中國方面強調天外天油田是在無爭議的中方海域，並指日方曲解雙方東海共識。為了避免雙方無窮無盡的扯皮，我建議，在現實問題沒有

頭緒，雙方都維持現狀的情況下，從兩國關係和世界和平的大局出發，本著把東海成為「友好之海、合作之海、和平之海」的目的，雙方不妨翻開東亞近代史看一看，不僅看東海問題，也看與之密切相關的釣魚台問題、琉球問題；不僅雙方共同探討，最好也在國際學術界進行交流。通過公開的、廣泛的歷史學術理論爭鳴，為現實爭議探明真相，從而也為雙方的外交和政治領域，提供指南。擱置爭議不等於擱置真相。與其捂著傷口，任其發炎腫痛，何如放在歷史的手術臺上，在國際目光的照射下，公開會診？我相信，真相是客觀的，不怕尋找更不怕「爭議」。只有把歷史真相問題「爭議」清楚了，現實的問題才一目瞭然。否則，歷史的水渾著，現實的石頭是看不清楚的。我說東海問題的源頭在歷史深處，其實歷史並沒有多深，以認真、公正、誠實的態度和善良的願望，是很容易探究到底的。在尊重歷史的前提下，關照現實，中國與幾乎所有的鄰國都解決了陸地爭端；同樣，中日之間也可以在這樣的原則下，找到東海問題解決的突破口。

反飛彈：美國為日本套上的新絞索

美國在日本部署了反飛彈系統，並且雙方海軍還在海上聯合進行了反飛彈演習。這當然是一個很大的事件。但在作者看來，是日本已經進了美國的圈套裡。

作者以其專業軍事知識，嘲笑了反飛彈系統的華而不實，也以其深厚的戰略學養，分析了美國的戰略圖謀。這樣一個對日本沒用的系統，卻對美國有著巨大的作用。

現實竟是如此的弔詭，不，也許現實只是平庸的，是本文的弔詭，才讓現實生動起來。

「當負責發射類比飛彈的美方人員告知攔截成功時，現場響起掌聲和歡呼聲」。專門前往夏威夷觀看飛彈攔截試驗的日本防衛省副大臣江渡聰德說，「試驗成功是日美防衛緊密合作的象徵」，「是一個具有紀念意義的重大事件」；日本防衛省飛彈局稱：「在日美防衛合作中，這是劃時代的成功。」確如所言，這次事件也許真是「劃時代」的，但這個「劃時代」的意義不是日本所說的僅在「日美防衛合作中」，也在亞太地區甚至更大的範圍中。

一、日本打響亞太軍備競賽的第一槍

自二戰結束以來，無論是世界總體還是亞太地區就基本處於一種戰略平衡狀態。但蘇聯解體後美國及其盟國，拚命想把有利於自己的戰略優勢無限增大，以求在各個層面上絕對壓過潛在對手。全球飛彈防禦計劃的出籠，就是美國打出的第一張牌。如果對方不接招，美國就將在戰略武器方面大幅領先；如果對方應戰，就展開新一輪軍備競賽，以重演對蘇聯那種用經濟拖垮對方、不戰而屈人之兵的好戲。就像矛和盾同等重要的道理一樣，反飛彈飛彈系統也和彈道飛彈一樣，屬於戰略武器。正因此，一些擁有戰略核力量的大國，不會坐視美國將長期以來形成的全球戰略力量的基本平衡被打破，從而使自己重新處於不利的地位。美國深知孫子兵法所說「攻其所必救」的道理，所以這張牌一出，俄羅斯就不得不走上與西方為敵的道路。

考慮到歐洲有一個北約在替它擺佈俄羅斯，且大格局已規劃完畢，現在美國又誘使日本在亞太地區發難，對中國出招了。還在印尼海嘯期間，美國就已經嘗試建立包括澳大利亞、印度、日本和美國在內的「亞洲版北約」了。後來這一構想一直是美國亞洲政策的主軸，剛下臺不久的日本首相安倍也是這一計劃的熱心實踐者。政治立意之下，是各種步驟的跟進和配合，其中最引人注目的一個，就是美國和日本共同推進全球飛彈防禦計劃（NMD）和戰區飛彈防禦計劃（TMD）。經過多年的精心謀劃，現在日本和美國終於取得了「劃時代」的成功。儘管日本官方和專家一再聲稱該防禦計劃不會威脅其他國家，但誰會相信這種此地無銀三百兩的宣示呢？美國在歐洲搞反飛彈系統部署，也說是為了防止伊朗的飛彈，但卻引起俄羅斯強烈反彈，並在世界範圍內引發更新飛彈技術的熱潮，日本

此舉也必將在亞太地區引發劇烈的震動。如果美國和日本不是掩耳盜鈴，它們將在不久後深切地感受到這一點。

美國在歐洲只是部署反飛彈系統，但在亞洲美國是直接把反飛彈技術交給了日本，成為日本自身戰略力量的一部分。在歐洲美國部署反飛彈系統只引起俄羅斯的反彈，但在亞洲，美國對日本的戰略武裝，將引起大得多的警惕，原因在於亞洲對一個沒有在歷史問題上改造好的日本有一種天然的不信任。也因此，美國此次協助日本完成飛彈攔截，都事實上被認為是日本打響了「大殺傷性武器」軍備競賽的第一槍。不管有沒有公開的外交宣示，亞洲都不會若無其事。比如此前印度就在搞反飛彈試驗，並取得「成功」。不僅一些地區大國在思謀應對之策，一些中小國家，更將以空前的緊迫感充實改善自己的武器庫。而這種軍備競賽的態勢，反過來又會迫使日本加速反飛彈試驗的進程。這種道高一尺魔高一丈的惡性競爭，將把日本拖入一個沒有終點的跑道，同時也使亞太地區的和平，在這種加速旋轉中變得更加不穩定。這種地區力量的互相角逐、制衡的過程，將促使各方競相求助或引入美國因素。這正是美國所希望的。

二、美國的戰略圖謀：用新絞索拴緊日本

在北韓核問題剛剛取得突破性進展，台海形勢日趨緊張的時刻，美日突然進行的這場類似「核子試驗」的飛彈攔截，絕不是偶然和巧合的。這是一出由美國策劃、日本演出的「政治」戲。首先，美國要對中日接近進行戰略牽制。福田上臺以來，跟中國走的比較近。在福田即將訪華前夕，美國試圖假日本之手做出一些讓中國感到不快的事，挑撥中日關係的用意昭然若揭。同時這也是對俄

羅斯的一次小小亮劍。俄羅斯最近的各種舉動讓美國很反感。特別
是普京決定在退下總統位置時仍願意就任總理，這就意味著俄羅斯
對西方強硬的政策將長期不會有大的改變。美國在此時與日本在太
平洋上進行反飛彈試驗，明擺著是告訴俄羅斯，在它的太平洋出海
口，立著美國和日本的銅牆鐵壁。日本一直以來恍然不覺地被美國
駕馭著不知不覺地為美國火中取栗，但此次舉動，除了挑撥中日、
備戰台海、警惕俄羅斯的動機之外，還顯露了美國戰略家們一個深
層的戰略意圖，那就是為日本套上一條新絞索。

　　已經有日本媒體意識到反飛彈試驗將使日本成為「軍費奴
隸」。自1983年以來，美國已經在飛彈防禦系統專案投入了1000多
億美元，先後進行了10多次飛彈攔截試驗，成功率僅一半左右。且
這些所謂成功的試驗，也不過是「試驗」而已。要讓全球反飛彈系
統真的發揮作用，還不知是猴年馬月的事，更不知道還要投入多少
金錢。即使它的單發對單發的試驗取得100%的成功，美國人也始終
不敢面對這樣一個理論疑問：它能對付多枚彈道飛彈不同方向的齊
射嗎？而且就算美國可以做到攔截所有射向美國的彈道飛彈，它能
夠防止「9‧11」事件那樣的襲擊嗎？

　　美國很清楚，真正能夠為它提供安全感的永遠不是武器。有
一層窗戶紙一直沒有被戳破：美國之所以弄出個NMD，其實不過
是和當年的「星球大戰」計劃一樣，是一個國家戰略陰謀。對內，
它將為各大軍工集團提供源源不斷的訂單，以維持和發展新軍事技
術，同時也是回報其對政府領導人當初的競選支援；對外，誘使對
手陷入錯誤的軍備發展方向的泥潭。稍有軍事常識的人都知道，現
代和未來戰爭，空中力量和精確導引武器是勝利的主導力量，作為
核子武器和運載工具的彈道飛彈的作用，已不佔據戰爭的支配地
位。在這樣一個時代背景下，傾力打造反飛彈盾牌，其真實意圖不

是十分可疑的嗎？可惜這些理性的思維並未見於日本。攔截飛彈試驗成功後，在東京舉行的新聞發佈會上日本內閣官房長官町村信孝（Nobutaka Machimura）說，這次試驗對日本國家安全十分重要，「防衛省和政府推進的彈道飛彈防禦系統開始取得實效」。防衛大臣石破茂（Shigeru Ishiba）表示，這次試驗成功「並不意味著它100%可靠」，為提高穩定性，防衛省還將繼續試驗。果真如此，日本成為「軍費的奴隸」是毫無疑問的。但事情不止如此，它還將繼續成為美國全球戰略的奴隸。

二戰勝利後，美國單獨佔領日本。美國不要日本的戰爭賠款，還對日本的經濟進行扶持。看起來美國似乎很寬宏大度，其實，美國是把整個日本和它的未來作為美國的戰利品。美國為日本制定了和平憲法，又用安保條約為日本提供核保護，以此讓日本對美國形成嬰兒對父母一樣的依賴。而美國則擁有一個富有、勤奮、忠誠的奴僕，讓其為自己的全球戰略馳驅。就像獵人不能沒有鷹犬一樣，美國征服全世界也不能沒有副官和嘍囉。當前世界以色列、英國和日本就一直扮演著這樣的角色，並各自負責一個地區或方向。由於以色列和日本所在的地區面臨的挑戰都比較強大，所以作為主人的美國，就關注得多一些，有時候還親自上陣。

但是，日本並不甘心永遠做美國的奴僕和馬前卒。眼見德國早已統一，並在歐洲和世界上發揮著獨立的作用，情形類似的日本一直想要實現「正常化」。「正常化」的可憐要求說明現在日本的國家形態不正常。誰都知道，日本沒有自己的獨立的國防和外交，它不得不處處惟美國馬首是瞻。1991年美國發動波灣戰爭，日本掏錢；2003年美國發動伊拉克戰爭，日本還要派兵為虎作倀。日本顯然感到不滿，除了右翼公開喊出要對美國說不之外，政府和政策層面上明裡暗裡做了很多小動作。比如軍事方面，日本就以各種巧妙

的策略設計，在實現了經濟復興之後，獨立製成了准航母、大型飛機和運載火箭、衛星。日本的核技術和原料儲備也很驚人。這些都是日本韜光養晦的傑作。美國非常清楚，一旦天下有變，日本巨大的技術和工業能力，將在眨眼間轉化為驚天動地的軍事實力。1995年，美國國防部長溫伯格就設想了美日之戰。至於戰略學者中設想美日開戰的學術著作更是不勝枚舉。為了未雨綢繆打消日本的這個念頭，除了直接的政治和外交壓力之外，美國戰略研究機構還頗費心機地設計了許多不為人知的圈套，比如控制日本對軍事尖端技術的掌握，把日本納入美國軍事體系之中，不允許日本單獨發展重大的武器系統。此次反飛彈試驗，最清楚不過地說明了美國力圖主導日本未來軍事發展的意圖。利用日本對北韓飛彈的恐懼心理，把日本拉入全球飛彈防禦系統，既能削弱中國、俄羅斯的戰略力量的效能，為美國的全球戰略服務，同時又可以讓日本出錢，成為其戰略前線，為美國提供安全縱深。冷戰時期美國對日本的戰略定位就是這樣，今天，雖然大勢已變，但日本的角色並沒有改變。

　　誤導日本把軍事費用用在毫無用處的地方，以形成對美國更強烈更持久的依賴，從而消除日本「獨立」於美國之外的可能，是美國對日戰略的真正底牌。美國是制訂和實施國際級大陰謀的高手。冷戰時期，美國為了不使蘇聯對自己的海上行動能力造成威脅，就操縱北約在陸地上對蘇聯形成大軍壓境之勢，誘使蘇聯把軍費花費在陸軍上，從而不能與美國在海洋爭衡，而美國正是靠著海軍統治世界的。美國對中國也來這一手，不斷在中國周邊打仗，還和中國的鄰國結盟，製造中國大陸長期面臨威脅的假像，讓中國的戰略和軍力發展始終盯著本土陸地。時至今日，美國在臺灣問題上縱容台獨，在中國周邊駐軍，武裝中國周邊國家，挑動中國鄰國對中國尋釁，深層動機都是要把中國的注意力繼續吸引在陸地和陸軍上，以在空中和海上不對美國造成威脅，同時也使中國自我束縛走向世界

的步伐和視野。美國現在對日本也來這一手。在軍事上美國是不信任日本的。這從美國一直不讓日本獨立發展現代主要武器技術這一點上就可以看出來。目前日本自衛隊的主力戰機、戰艦、坦克都是原裝的美國貨。美國給日本的定位是一隻沒有爪牙的老虎，永遠供自己任意騎坐，但決不能有反噬的能力。在北韓核子試驗時，日本曾有大臣放出日本也要核武裝的言論，立即遭到美國的嚴厲訓斥。美國是知道日本強大的機械製造和電子能力的。所以，對日本在軍事領域的動向決不會聽之任之。或者強行阻止日本另起爐灶，或者順水推舟將日本的軍費用在另一個對美國有利但對日本無用的方向。

1944年在關於如何對付日本時，美國就組織專門的學者研究日本，寫出了來年日本人都嘆為觀止的《菊花與刀》。從那時開始，美國對日本始終不曾輕視過。由於知己知彼，在誘惑日本方面，美國就像馬戲團的馴獸師對老虎一樣得心應手。美國為日本準備了一條看起來很舒服的絞索，而日本像跳進一個神話一樣不假思索地就鑽進去了。當年美國口惠而實不至地許諾支援日本成為安理會常任理事國，最後讓日本狗咬尿泡空歡喜的事實已經教育了一次日本，今天那麼多日本人在試驗成功的時候又「發出歡呼」。他們在歡呼什麼呢？沒有哲學根底是日本民族的自來的短項。當年日本發動入侵中國的戰爭和太平洋戰爭，被今天的日本反思為一場「無謀的戰爭」，然而觀今天日本的表現，無論從哪個角度看，都不能說具有長遠的戰略眼光。